今すぐ使える **かんたん**

Scratch

スクラッチ

はじめての
プログラミング

技術評論社

ご注意：ご購入・ご利用の前に必ずお読みください

- 本書に記載された内容は、情報提供のみを目的としています。したがって、本書を用いた運用は、必ずお客様自身の責任と判断によって行ってください。これらの情報の運用の結果について、技術評論社および著者はいかなる責任も負いません。

- アプリやOSに関する記述は、特に断りのないかぎり、2019年4月現在での最新情報をもとにしています。これらの情報は更新される場合があり、本書の説明とは機能内容や画面図などが異なってしまうことがあり得ます。あらかじめご了承ください。

- 本書の内容については、スクラッチ3.0（Scratch 3.0）で制作・動作確認を行っています。そのほかのバージョンについては、本書の解説と異なる場合があります。あらかじめご了承ください。

- インターネットの情報については、URLや画面などが変更されている可能性があります。ご注意ください。

- 本書では、地図情報を利用したプログラムを作成する例のために、参考としてGoogleマップの地図情報を引用しております。

- 本書のサンプルファイルは、以下のWebページからダウンロードすることができます。

https://gihyo.jp/book/2019/978-4-297-10547-1/support/

以上の注意事項をご承諾いただいた上で、本書をご利用願います。これらの注意事項をお読みいただかずに、お問い合わせいただいても、技術評論社および著者は対処しかねます。あらかじめご承知おきください。

■ 本書に掲載した会社名、プログラム名、システム名などは、米国およびその他の国における登録商標または商標です。本文中では TM、® マークは明記していません。

はじめに

　スクラッチ（Scratch）は、子供から大人まで幅広い年齢層で楽しめるビジュアルプログラミング言語です。プログラミングの経験がない人でも、ブロックを並べるだけで手軽にプログラミングを楽しめます。スクラッチは小学校におけるプログラミング必須化でも注目されているプログラミング言語です。今後、ますます利用範囲が広がることが予想されます。

　スクラッチは、インターネットにより公式サイト（https://scratch.mit.edu/）にアクセスして自由に使用することができます。

　本書は、まったく経験のない人、ある程度経験のある人を問わず、楽しくかんたんにスクラッチを学習できるように編集しています。本書の特徴として次の点を挙げることができます。

・ステップバイステップ式により記述されているため、未経験者でも作成手順に従ってプログラムを作成できる。
・初歩から実用的なプログラミングまで幅広く無理なく学べる。
・スクラッチプログラミングで知っておきたい基本的な技術が網羅されている。
・家庭や学校、さらにはビジネスマンの教養書としても使用できる。
・完成プログラム、途中経過のプログラムをサポートサイトからダウンロードできる。

　なお、本書における操作手順や操作画面はスクラッチ3.0（Scratch 3.0）により解説していますが、以前のバージョンであるスクラッチ1.4や2.0においても、ほとんど同様の操作で行うことができます。

　最後に、本書の編集・製作においてご尽力いただいた技術評論社の矢野俊博氏、編集部および関係各位に深く感謝の意を表します。

2019年5月

著者　松下　孝太郎
　　　山本　光

目次
もくじ

Chapter 1 スクラッチを使ってみよう

Section 1-1	スクラッチを知ろう	12
Section 1-2	スクラッチにアクセスしよう	14
Section 1-3	スクラッチの画面を知ろう	16
Section 1-4	プログラムを作成してみよう	18
Section 1-5	プログラムを動かしてみよう	20
Section 1-6	プログラムを保存しよう	22
Section 1-7	プログラムを読み込もう	26
Section 1-8	まとめ：スプライトの3要素	28

Chapter 2 ネコを動かそう

Section 2-1	この章で作成する作品の概要とその動作	30
Section 2-2	背景を入れよう	32
Section 2-3	ネコを動かそう	34
Section 2-4	ネコを沢山動かそう	36
Section 2-5	ネコを回転させよう	38
Section 2-6	ネコの座標を指定して動かしてみよう	40
Section 2-7	まとめ：逐次処理	42

Chapter 3　駆け回るネコ

Section 3-1　この章で作成する作品の概要とその動作 ……………… 44

Section 3-2　背景を入れよう……………………………………………… 46

Section 3-3　ネコの位置を動かそう……………………………………… 48

Section 3-4　ネコを連続的に動かそう…………………………………… 50

Section 3-5　ネコが駆けているように見せよう………………………… 52

Section 3-6　まとめ：繰り返し処理……………………………………… 54

Chapter 4　宇宙人と鳥の運動会

Section 4-1　この章で作成する作品の概要とその動作 ……………… 56

Section 4-2　背景を入れよう……………………………………………… 58

Section 4-3　ネコを消して宇宙人を追加しよう………………………… 60

Section 4-4　宇宙人を動かしてみよう…………………………………… 64

Section 4-5　宇宙人と鳥を動かしてみよう……………………………… 70

Section 4-6　まとめ：スプライトとコード ……………………………… 74

Chapter 5　サルから逃げろゲーム

Section 5-1　この章で作成する作品の概要とその動作 ……………… 76

Section 5-2　背景を入れよう……………………………………………… 78

Section 5-3　ネコを消してサルとバナナを追加しよう………………… 80

Section 5-4　サルを動かそう ‥‥‥‥‥‥‥‥‥‥‥‥‥‥‥‥ 84

Section 5-5　バナナを動かそう ‥‥‥‥‥‥‥‥‥‥‥‥‥‥‥ 86

Section 5-6　バナナがサルに捕まったら知らせよう ‥‥‥‥‥‥ 88

Section 5-7　まとめ：条件分岐と接触判定 ‥‥‥‥‥‥‥‥‥‥ 90

Chapter 6　球よけゲーム

Section 6-1　この章で作成する作品の概要とその動作 ‥‥‥‥‥ 92

Section 6-2　背景を入れよう ‥‥‥‥‥‥‥‥‥‥‥‥‥‥‥‥ 94

Section 6-3　ネコを消して球と鳥を追加しよう ‥‥‥‥‥‥‥‥ 96

Section 6-4　球を動かそう ‥‥‥‥‥‥‥‥‥‥‥‥‥‥‥‥ 100

Section 6-5　球のクローンを作って動かそう ‥‥‥‥‥‥‥‥ 104

Section 6-6　鳥が球に当たったら音を鳴らそう ‥‥‥‥‥‥‥ 110

Section 6-7　まとめ：クローン ‥‥‥‥‥‥‥‥‥‥‥‥‥‥ 116

Chapter 7　絵本

Section 7-1　この章で作成する作品の概要とその動作 ‥‥‥‥ 118

Section 7-2　背景を入れよう ‥‥‥‥‥‥‥‥‥‥‥‥‥‥‥ 120

Section 7-3　ネコを消して鳥と宇宙人と宇宙船を追加しよう ‥‥ 122

Section 7-4　鳥と宇宙人と宇宙船の大きさや位置を決めよう ‥‥ 126

Section 7-5　シーン1を作ろう ‥‥‥‥‥‥‥‥‥‥‥‥‥‥ 132

Section 7-6　シーン2を作ろう ‥‥‥‥‥‥‥‥‥‥‥‥‥‥ 134

Section 7-7　シーン3を作ろう ···················· 140

Section 7-8　まとめ：メッセージ ···················· 146

Chapter 8　どうぶつ当てクイズ

Section 8-1　この章で作成する作品の概要とその動作 ···················· 148

Section 8-2　背景を入れよう ···················· 150

Section 8-3　ネコを消してキャラクターを追加しよう ···················· 152

Section 8-4　2択のクイズを作ろう ···················· 154

Section 8-5　クイズの2問目を作ろう ···················· 160

Section 8-6　キャラクターにアニメーションを付けよう ···················· 164

Section 8-7　まとめ：入出力 ···················· 168

Chapter 9　音楽会

Section 9-1　この章で作成する作品の概要とその動作 ···················· 170

Section 9-2　背景を入れよう ···················· 172

Section 9-3　ネコを消してペンギンと宇宙人を追加しよう ···················· 174

Section 9-4　ペンギンと宇宙人に歌わそう ···················· 178

Section 9-5　まとめ：音 ···················· 190

Chapter 10 シューティングゲーム

Section 10-1	この章で作成する作品の概要とその動作	192
Section 10-2	背景を入れよう	194
Section 10-3	ネコを消してキャラクターを追加しよう	196
Section 10-4	ヒトデを動かそう	200
Section 10-5	イナズマを発射しよう	206
Section 10-6	コウモリを動かそう	212
Section 10-7	イナズマがコウモリに当たったら得点する	216
Section 10-8	まとめ：変数	220

Chapter 11 景色の場所当てクイズ

Section 11-1	この章で作成する作品の概要とその動作	222
Section 11-2	背景に地図の画像を入れよう	224
Section 11-3	ネコを消して景色の写真を読み込もう	226
Section 11-4	景色の写真をランダムに表示させよう	234
Section 11-5	番号のイラストを読み込もう	238
Section 11-6	地図上の景色の位置に番号を付けよう	242
Section 11-7	景色の写真の場所当てを作ろう	246
Section 11-8	まとめ：素材の利用と画像	250

Chapter 12 走るマイカー

Section 12-1	この章で作成する作品の概要とその動作	252
Section 12-2	車のキャラクターを作成しよう	254
Section 12-3	キャラクターを保存しよう	262
Section 12-4	背景を入れよう	264
Section 12-5	ネコを消して車のキャラクターを読み込もう	266
Section 12-6	車の大きさと位置を決めて走らせよう	268
Section 12-7	車に2つの車線を走らせよう	272
Section 12-8	まとめ：スプライトの作成	276

付録 スクラッチへの参加登録とサインイン

付録 01	スクラッチへの参加登録とサインイン	278
付録 02	サインインして広がるスクラッチの世界	282

	索 引	286

サンプルファイルのダウンロード

　本書で扱っている作品（プログラム）に関する完成ファイル及び途中経過ファイルなどは、本書のサポートサイトからダウンロードしてご利用頂けます。

■ダウンロード手順

ダウンロードは次の手順で行えます。

① Webブラウザーで下記の技術評論社の書籍のページへアクセスします。

　　　https://gihyo.jp/book/

②「本を探す」に「今すぐ使えるかんたん　Scratch」と入力します。

③ 表示された一覧から本書を探してクリックします。
④「本書のサポートページ」をクリックします。
⑤「ダウンロード」の下のリンクをクリックします。
⑥ ファイルがダウンロードされます。
　　※Windowsをご使用の場合は、通常、ダウンロードフォルダーにダウンロードされます。

■ダウンロードファイルについて

・ファイルはZIP形式で圧縮されています。
・ダウンロードしたZIP形式のファイルをダブルクリックすると、中を見ることができます。
・ダウンロードしたZIP形式のファイルは、右クリックして「すべて展開」を選び、任意のフォルダーに展開してお使いください。
・スクラッチへのファイルの読み込みに関しては、1章をご参照ください。

■その他

・ダウンロードファイルの内容は予告なく変更・追加することがあります。
・著作権は著者及び技術評論社に帰属します。
・ファイル内容の変更や改良は自由ですが、サポートは致しておりません。

Chapter 1

スクラッチを使ってみよう

1-1	スクラッチを知ろう
1-2	スクラッチにアクセスしよう
1-3	スクラッチの画面を知ろう
1-4	プログラムを作成してみよう
1-5	プログラムを動かしてみよう
1-6	プログラムを保存しよう
1-7	プログラムを読み込もう
1-8	まとめ：スプライトの3要素

この章では、スクラッチの概要と基本操作について学びます。スクラッチの画面と操作方法を理解することにより、さまざまな作品（プログラム）を作成することができるようになります。

できること わかること

- スクラッチの起動・画面・終了
- プログラムの作成・実行・保存・読み込み

Section 1-1 スクラッチを知ろう

スクラッチは、世界的に使われているビジュアルプログラミング言語です。プログラミングの経験がない人でも、ブロック（コードブロック）を並べるだけで手軽にプログラミングを楽しめます。スクラッチは、教育、学術、ゲームなどさまざまな用途に用いられています。

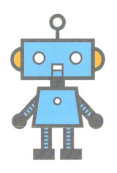

ステージのキャラクター

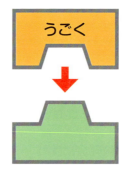

プログラム

ブロックを結合

マウスなどを使ってブロックを並べます。

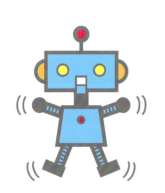

ステージのキャラクター

プログラム

プログラムを実行

ブロックにはそれぞれ命令が書いてあり、プログラムを実行すると、プログラムが動作します。

教育・学術

学校で使う教材から、研究で使う学術的なものまで幅広く作成することができます。ビジュアル言語ならではの視覚的効果により、見て理解しやすい教材や学術ツールを作成することができます。

ゲーム

シューティングゲーム、パズルゲーム、ロールプレイングゲームなど多くの種類のゲームを作成することができます。自分で作成したキャラクターを動かすこともできます。

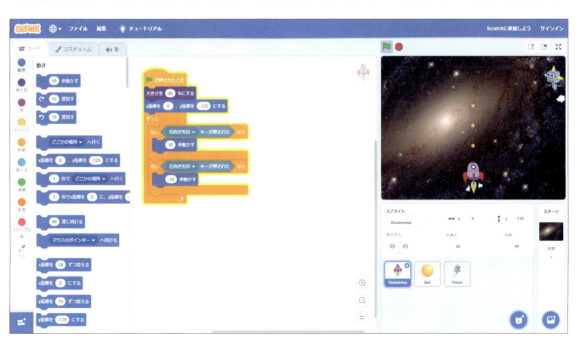

Section 1-2 スクラッチにアクセスしよう

ここでやること スクラッチ 3.0（Scratch 3.0）はインターネットによりスクラッチの公式サイト（https://scratch.mit.edu/）にアクセスして使用します。

Webブラウザーで
スクラッチの公式サイト
「https://scratch.mit.edu/」
にアクセスします❶。

Memo

Webブラウザーには次のようなものがあります。
・Chrome（クローム）
・Edge（エッジ）
・Firefox（ファイアーフォックス）
・Safari（サファリ）

「作る」をクリックします❶。

14

スクラッチの画面が
表示されます。画面左上の

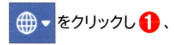 をクリックし ❶ 、

「にほんご」または「日本語」を
クリックして ❷ 、選びます。

Memo

「にほんご」は全てひらがな表示、「日本語」は漢字とひらがな表示になります。本書では「日本語」を選んでいます。また、世界各国の言語を選ぶことができます。

言語の設定が完了し、
メニューやブロックなどが
日本語で表示されるように
なります。

Memo

チュートリアルが表示されたら、「閉じる」をクリックし、画面を閉じておきます。

1-2 スクラッチにアクセスしよう

Chapter 1 スクラッチを使ってみよう

15

Section 1-3 スクラッチの画面を知ろう

スクラッチ 3.0（Scratch 3.0）の画面は、ステージ、スプライトリスト、ブロックパレット、コードエリアなどから構成されています。

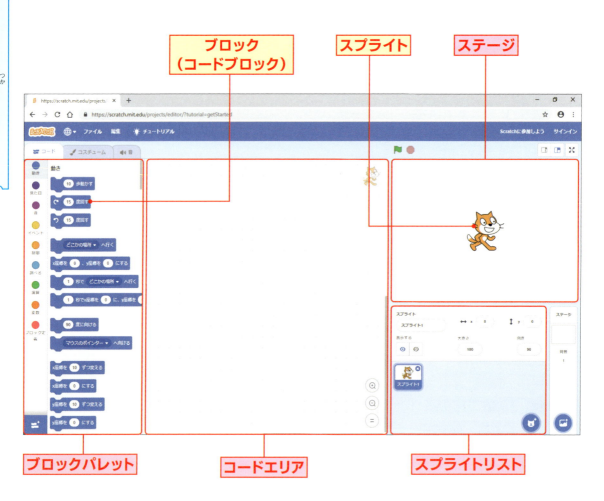

ステージ

ステージはスプライト（キャラクター）が動作する舞台です。いくつものスプライトを表示したり、動かしたりすることができます。また、ステージには背景を付けることもできます。

スプライトリスト

キャラクターのことをスプライトといいます。スプライトはネコ以外にもたくさん用意されており、自分で作成することもできます。

スプライトリストにはステージで動作するスプライトが表示されます。複数のスプライトがある場合は、スプライトリストからスプライトをクリックして選ぶことで、左側の画面（コードエリア）が選んだスプライトのものに切り替わります。

ブロックパレット

ブロックパレットにはさまざまな種類のブロック（プログラムの部品）があります。ブロックパレットからブロックを選び、コードエリアに並べることでプログラムを作成していきます。

また、ブロックパレットの一番上には「コード」「コスチューム」「音」のタブがあり、スプライトごとにコードやコスチューム、音を作ることができます。なお、ブロックは、「動き」や「見た目」などの用途ごとに分れています。

コードエリア

スクラッチではコードは映画の台本のような役割をします。キャラクターを台本に従って動作させることができます。ブロックパレットから必要なブロックをコードエリアに並べることでコードを完成させていきます。

Section 1-4 プログラムを作成してみよう

| ここで やること | 簡単なプログラムを作成します。 |

ブロックの種類を
クリックし❶、選びます。

Memo
ここでは ![イベント] を選んでいます。

ブロックを選んで
ドラッグし❶、
コードエリアに置きます。

Memo
ここでは ![が押されたとき] を選んでいます。

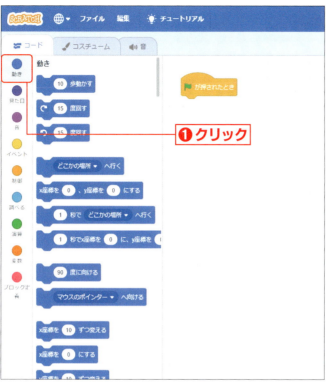

2つ目のブロックの種類を
クリックし❶、選びます。

Memo

ここでは を選んでいます。

ブロックを選んで
ドラッグし❶、
コードエリアに置きます。
このとき、上のブロックに、
下のブロックをくっつけます。

Memo

ここでは  を選んでいます。

プログラムを動かしてみよう

ここで やること	作成したプログラムを動かします。

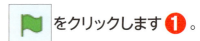 をクリックします❶。

ネコが右に少し動きました。

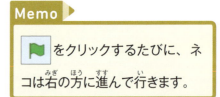

Column 覚えておきたい操作

●ブロックの直接クリック

をコードエリアに置いていない場合、 は使えません。その場合は、コードエリアにあるブロック（ここでは ）をクリックすると、スプライトを動かすことができます。

●ステージの端に隠れたスプライト

スプライトがステージの端まで行ったら、スプライトをドラッグして戻します。

●ブロックの結合と分離

ブロックは結合するときは下側からドラッグして結合します。分離するときは下側にドラッグして分離します。

Section 1-6 プログラムを保存しよう

ここでやること 作成したプログラムを保存します。

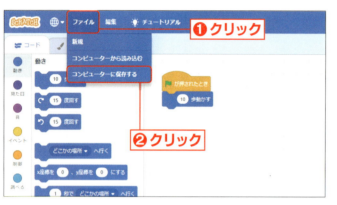

[ファイル]をクリックします❶。
[コンピューターに保存する]をクリックし❷、選びます。

ファイルが保存されます。

 をクリックします❶。

Memo
「Scratchのプロジェクト.sb3」という名前で「ダウンロード」フォルダーに保存されます。

Memo
使用するブラウザーにより、画面が異なります。

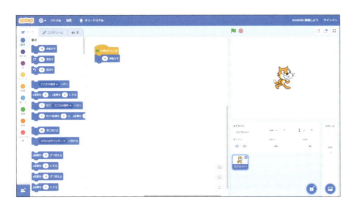

スクラッチの画面に戻ります。

> **Memo**
> 保存したファイルは、必要に応じて、保存するフォルダーやファイル名の変更を行って下さい。

Column　ブロックの削除

ブロックを削除するときは、削除したいブロックの上で右クリックし、[ブロックを削除]をクリックして選ぶか、削除したいブロックをブロックパレットへドラッグして戻します。

Column　ファイル名と拡張子

コンピューターで扱うデータをファイルといいます。スクラッチのプログラムもファイルの一種です。コンピューターに保存されているファイルは、拡張子と呼ばれるファイルの種類を区別する文字がファイル名の末尾に付きます。スクラッチ 3.0（Scratch 3.0）では、ファイルを保存するときに、ファイル名にピリオド「.」と拡張子「sb3」を付けます（例：sample.sb3）。パソコンの使用環境により、自動的にピリオドと拡張子「sb3」がファイル名の後に付いて保存される場合と、ピリオドと拡張子が付かないで保存される場合があります。もし、保存したファイルが開けなかったときは、自分でピリオドと拡張子を付けます。

Column　WebブラウザーにEdgeを使用している場合

WebブラウザーにEdge（エッジ）を使用している場合は、フォルダーを指定し、名前を付けて保存することができます。

［ファイル］を
クリックします❶。
［コンピューターに
保存する］をクリックし❷、
選びます。

 を

クリックします❶。
［名前を付けて保存］を
クリックし❷、選びます。

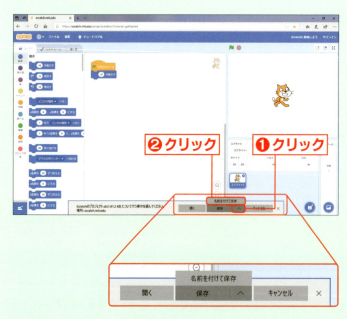

「ドキュメント」フォルダー

❶入力　❷クリック

「ドキュメント」フォルダーが表示されていない場合はここをクリックします。

ファイル名を入力します❶。
[保存]をクリックします❷。

> **Memo**
> ここでは「ドキュメント」フォルダーに保存しています。

> **Memo**
> ここではファイル名を「sample.sb3」としています。

↓

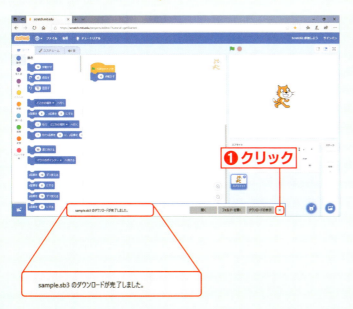

❶クリック

sample.sb3 のダウンロードが完了しました。

保存が完了し、ファイル名が表示されます。

 をクリックし❶、スクラッチの画面に戻ります。

1-6 プログラムを保存しよう

Chapter 1 スクラッチを使ってみよう

Section 1-7 プログラムを読み込もう

ここでやること　保存したプログラムを読み込みます。プログラムを読み込むと編集や追加を行うことができます。

ファイルをクリックします❶。
[コンピューターから読み込む]
をクリックし❷、選びます。

Memo
P.14を参考にし、あらかじめスクラッチのWebサイトにアクセスしておきます。

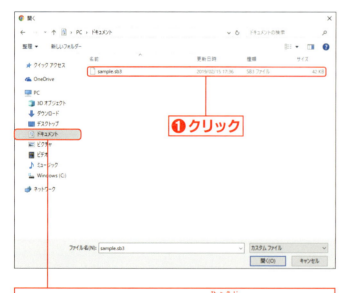

ファイルをクリックし❶、選びます。

Memo
ここでは「ドキュメント」フォルダーにあるファイルを選んでいます。

Memo
ここではファイル「sample.sb3」を選んでいます。

[開く] ボタンを
クリックします ❶ 。

ファイルが読み込まれます。

Column　コードエリアの整理

学習が進むとコードエリアには多くのブロックを置くことになります。コードエリアのブロックは綺麗に整列していた方が作業効率が上がります。コードエリアは次に示す方法で綺麗にしておきましょう。

まとめ：スプライトの3要素

この章では、スクラッチの概要と基本操作について学びました。キャラクター（スプライト）は、コスチューム、音、コードの3要素から成り立っています。これらを組み合わせて、キャラクターを装飾したり、動かしたりします。

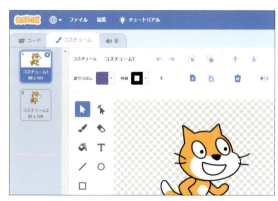

Chapter 2

ネコを動かそう

2-1	この章で作成する作品の概要とその動作
2-2	背景を入れよう
2-3	ネコを動かそう
2-4	ネコを沢山動かそう
2-5	ネコを回転させよう
2-6	ネコの座標を指定して動かしてみよう
2-7	まとめ：逐次処理

この章では、簡単なプログラムを作成します。プログラムの基本である逐次処理などについて学びます。逐次処理を使うことにより、同じ動作を簡単で短いプログラムで行うことができます。また、ステージの座標を指定することによりスプライトを移動することができます。

**できること
わかること**

- 逐次処理
- 座標

Section 2-1 この章で作成する作品の概要とその動作

概要

ネコを命令どおりに動かすプログラムを作ります。はじめは、指定した歩数動かします。次に、時計回りに指定した度数回します。最後に指定した場所（座標）に動かします。ブロックを処理の順に結合し、逐次処理を行います。

プログラム

完成したプログラムは次のようになります。

 のコード

2-1

完成したプログラムは次のように動作します。

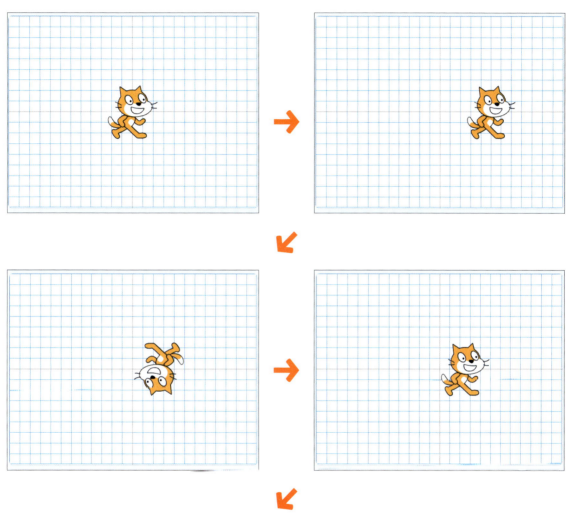

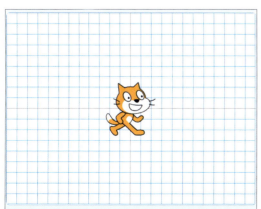

Section 2-2 背景を入れよう

> **ここで やること** ステージに背景を入れます。P.14を参考にし、あらかじめスクラッチのWebサイトにアクセスしておきます。

 をクリックします❶。

「背景を選ぶ」が表示されます。

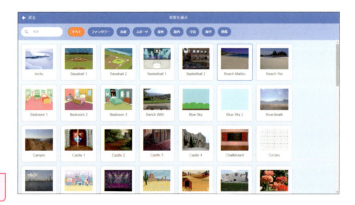

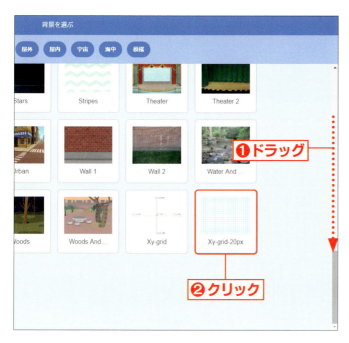

スクロールバーをドラッグし❶、「Xy-grid-20px」をクリックして❷、選びます。

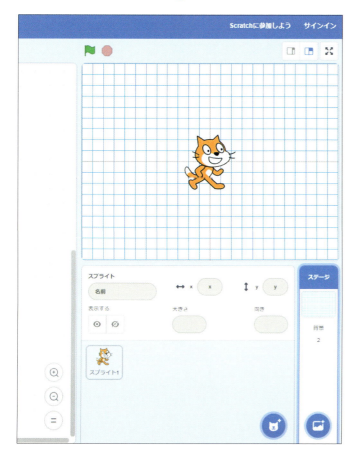

ステージに背景が入りました。

2-2 背景を入れよう

Chapter 2 ネコを動かそう

DL ここまでをダウンロード 2-2.sb3

33

Section 2-3 ネコを動かそう

ここでやること　ネコを動かします。

スプライトリストの をクリックします❶。

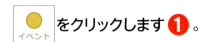 をクリックします❶。

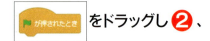 をドラッグし❷、コードエリアに置きます。

Memo

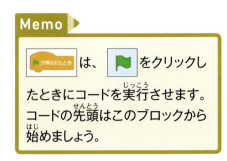 は、🏁 をクリックしたときにコードを実行させます。コードの先頭はこのブロックから始めましょう。

2-3 ネコを動かそう

 をクリックします❶。

 をドラッグします❷。

Memo
 は、スプライトが向いている方向へ10歩（10ピクセル）動かします。

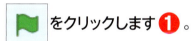 をクリックします❶。

Memo
 をクリックすると、コードが実行されます。ネコが10歩（10ピクセル）動きます。

35

Section 2-4 ネコを沢山動かそう

ここでやること　ブロックの中の値を変更して、ネコを沢山動かします。

の「10」をクリックします ❶。

「10」の部分が青くなります。

> **Memo**
> 数字の入力は、必ず半角英数入力モードで行います。

「50」を入力します❶。

> **Memo**
> 値（ここでは「10」）の部分が青くなっているときは、直接上書きできます。

Enter キーを押すか、ブロック以外のところで、クリックします❶。

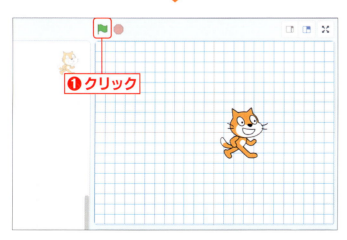

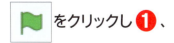 をクリックし❶、ここまでの動作を確認します。

Section 2-5 ネコを回転させよう

ここでやること　動きを組み合わせてネコにいろいろな動きをさせます。

 をクリックします ❶。

 を
ドラッグします ❷。

Memo
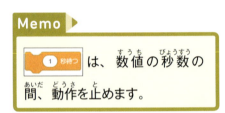
は、数値の秒数の間、動作を止めます。

 をクリックし ❶、

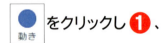 を
ドラッグします ❷。
値を「180」に変更します ❸。

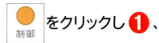 をクリックし❶、

 を
ドラッグします❷。

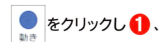 をクリックし❶、

 を
ドラッグします❷。
値を「180」に変更します❸。

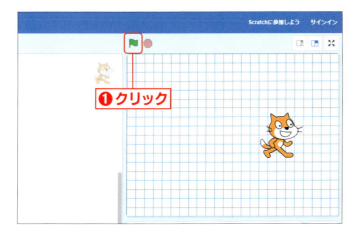

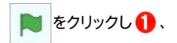 をクリックし❶、
ここまでの動作を確認します。

2-5 ネコを回転させよう

Chapter 2 ネコを動かそう

39

Section 2-6 ネコの座標を指定して動かしてみよう

ここでやること　指定した場所にスプライトを動かします。

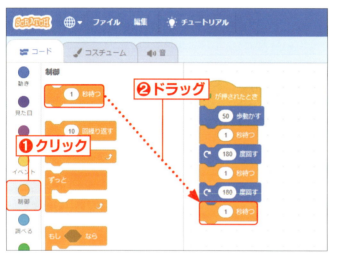

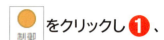 をクリックし ❶、

 をドラッグします ❷。

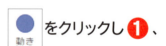 をクリックし ❶、

 をドラッグします ❷。

Memo
もし値が0でない場合は、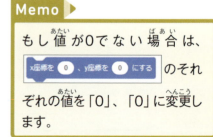のそれぞれの値を「0」、「0」に変更します。

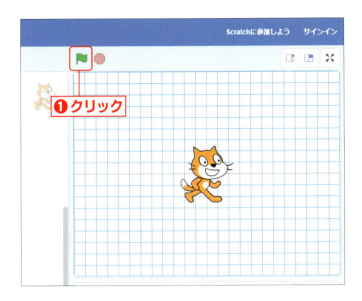

完成しました。を クリックし ❶ 、動作させてみましょう。

Column　ステージの座標

スクラッチのステージには座標が設定されています。中心の座標は(x,y) = (0,0)となっており、x座標で左右方向の位置を、y座標で上下方向の位置を指定できます。x座標は−240から240、y座標は−180から180の範囲となっています。ブロックは、スプライトを指定した座標に動かします。
背景の画像を自作する場合のサイズは横480ピクセル×縦360ピクセルのサイズを用意します。

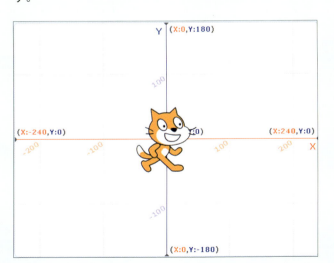

ステージのサイズは横480、縦360です。

中心は(x, y) = (0,0)です。

X軸は−240から240、Y軸は−180から180です。

Section 2-7 まとめ：逐次処理

この章では、逐次処理（順次実行とも呼びます）について学びました。一般的なプログラミング言語での逐次処理とは、コードが書かれた順に上から下へ順番に実行されることを指します。スクラッチのプログラムでは、上のブロックから順番に処理が行われます。

プログラムは、フローチャートと呼ばれる図で表されます。プログラム全体の動きを考えるときにフローチャートのような図を用いて設計することで、間違いや無駄な動きを発見することができるため、古くから利用されています。

下の図では、スクラッチのブロックとそのフローチャートの表現を示しています。

● スクラッチのブロック　　　　● フローチャートの表現

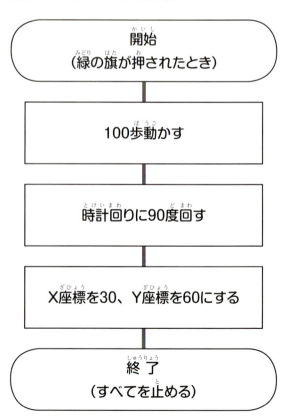

Chapter 3

駆け回るネコ

3-1	この章で作成する作品の概要とその動作
3-2	背景を入れよう
3-3	ネコの位置を動かそう
3-4	ネコを連続的に動かそう
3-5	ネコが駆けているように見せよう
3-6	まとめ：繰り返し処理

この章では、繰り返し処理、コスチュームなどについて学びます。繰り返し処理を使うことにより、同じ動作を簡単で短いプログラムで行うことができます。また、コスチュームを切り替えることにより、キャラクターの細かい動作を表現することができます。

- 繰り返し処理
- コスチューム

Section 3-1 この章で作成する作品の概要とその動作

概要

ネコが走り出し、端に着いたら反対側に向かって走り出す動作を繰り返すプログラムを作成します。ネコの連続した動きは、繰り返し処理のブロックで作成します。また、ネコのコスチュームを切り替えることにより、ネコが駆けているように見せます。

プログラム

完成したプログラムは次のようになります。

 のコード

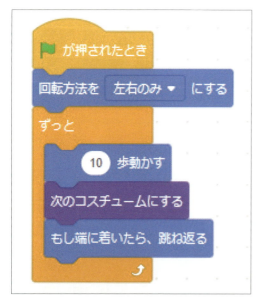

動作

完成したプログラムは次のように動作します。

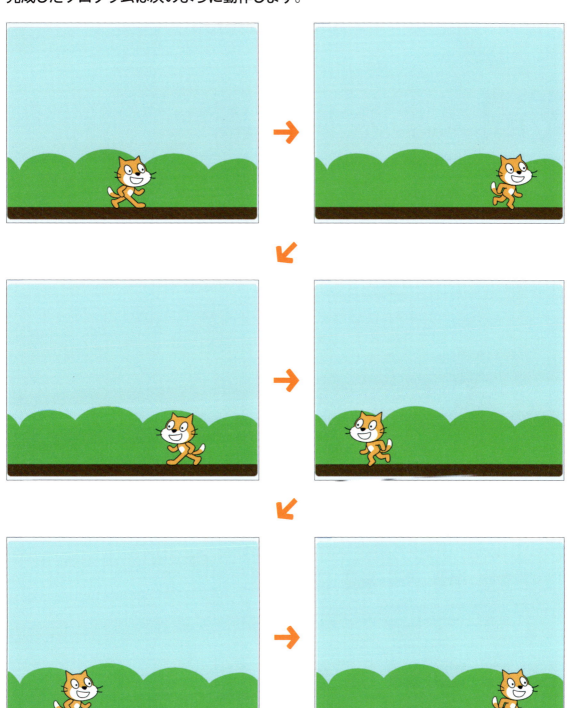

Section 3-2 背景を入れよう

ここで やること ステージに背景を入れます。P.14を参考にし、あらかじめスクラッチのWebサイトにアクセスしておきます。

 をクリックします❶。

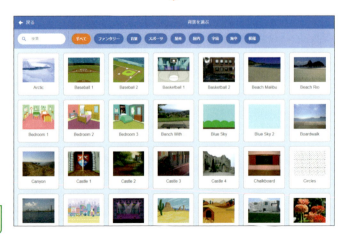

「背景を選ぶ」画面が表示されます。

「Blue Sky」をクリックし❶、選びます。

3-2 背景を入れよう

ステージに背景が入りました。

ここまでをダウンロード　3-2.sb3

Chapter 3　駆け回るネコ

Column　背景の削除

背景を間違って挿入した場合などは、背景を削除します。背景は右の手順で削除することができます。

47

Section 3-3 ネコの位置を動かそう

| ここで やること | ネコを地面に移動します。 |

ネコをドラッグし ❶、下の方へ移動します。

Memo
ステージのスプライトをクリックまたはドラッグすると、コードエリアがそのスプライトのコードに切り替わります。

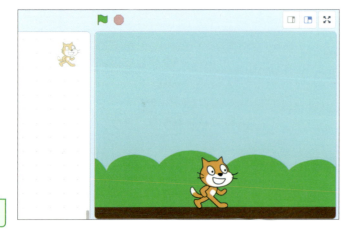

ネコが地面の上に移動しました。

3-3.sb3

Column ステージのスプライトの移動

ステージのスプライトは、マウスなどによるドラッグ操作により、位置を移動させることができます。また、ステージのスプライトの移動は、スプライトリストの と へ座標の値を入力しても行えます。精密な移動を行いたいときは、座標の値の入力による移動が便利です。例えば、座標（0, 0）のネコを地面の上に移動させる場合は、次の手順で行えます。

スプライトリストのスプライトの をクリックします❶。

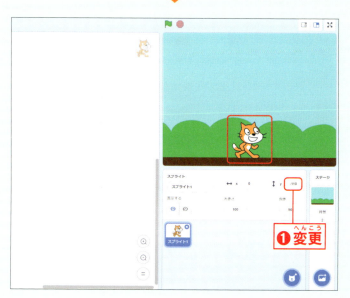

y の値を「-110」に変更します❶。
Enterキーを押すか、座標の値入力欄以外のところでクリックします。
地面の上（座標（0, -110））へネコが移動しました。

Section 3-4 ネコを連続的に動かそう

ここでやること ネコを左右に動かします。端に着いたら反対側へ向かって動くようにします。

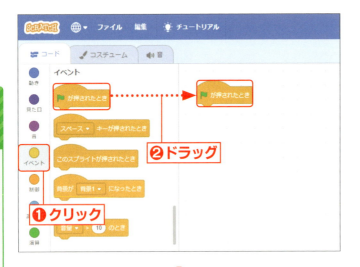

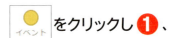
をクリックし ❶、

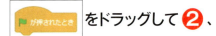
をドラッグして ❷、

コードエリアに置きます。

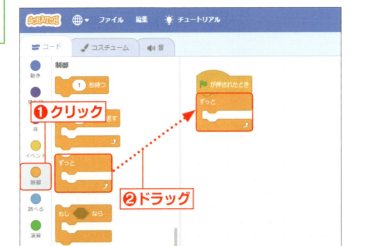

をクリックし ❶、

を

ドラッグします ❷。

Memo

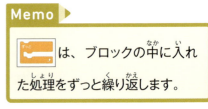
は、ブロックの中に入れた処理をずっと繰り返します。

 をクリックし ❶、

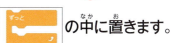 を

ドラッグして ❷、

 の中に置きます。

 を

ドラッグし ❶、

 の下に置きます。

Memo

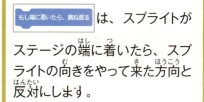 は、スプライトがステージの端に着いたら、スプライトの向きをやって来た方向と反対にします。

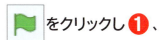 をクリックし ❶、

ここまでの動作を確認します。

Memo

ネコはステージの端に着いたら、逆さまになり、反対方向へ動いていきます。

Section 3-5 ネコが駆けているように見せよう

ここでやること　ネコが逆さまにならずに動くようにします。また、ネコが足を動かして駆けているように見せます。

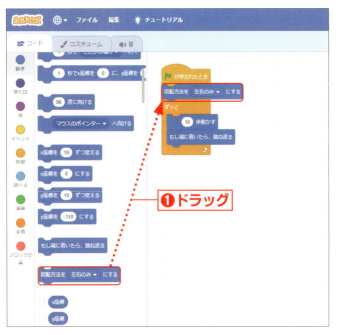

をドラッグし❶、

の下に置きます。

Memo

回転方法を 左右のみ にする は、スプライトの回転方向を指定します。「自由に回転」「左右のみ」「回転しない」があります。回転方法を「左右のみ」にすると、ネコは端についても逆さまになりません。

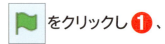をクリックし❶、実行すると、ネコはステージの端に着いても逆さにならずに動きます。

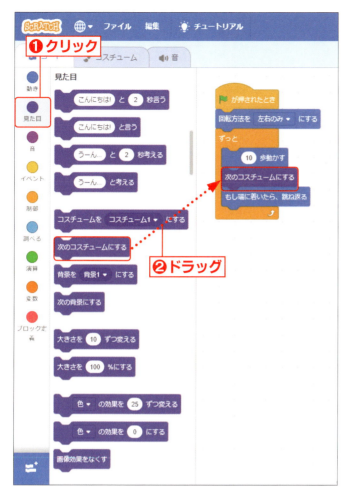

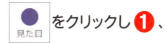 をクリックし ❶、

 を

ドラッグし ❷、

 の下に置き、

ネコが駆けているように見せます。

Memo

コスチュームは をクリックして確認します。ネコのコスチュームは2種類用意されています。これらを交互に表示させ、ネコが駆けているように見せます。

完成しました。

 をクリックし ❶、

動作させてみましょう。

Memo

 をクリックすると、プログラムを停止することができます。

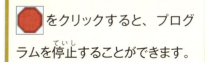

Section 3-6 まとめ：繰り返し処理

この章では、キャラクターの動きの繰り返しについて学びました。キャラクターの動きを繰り返す場合は、同じブロックを並べることにより行えますが、繰り返しブロックを使うと、もっと簡単に行うことができます。つまり、同じ処理をより短いコードで表現することができるので便利です。

3章では「ずっと」を使って、繰り返し処理を行ってみましたが、回数を指定して繰り返し処理を行うこともできます。

10歩動かす処理を5回連続させて行う場合、下記左は同じブロックを並べることにより行わせた場合、下記右は繰り返しブロックで行わせた場合です。繰り返しブロックを使用した場合の方が少ないブロックで簡単に行うことができます。なお、処理を永遠に繰り返させる場合は、同じブロックを無数に並べることはできないため、「ずっと」のブロックを使用します。

同じ処理のブロックで構成

動作結果は同じ

繰り返しブロックを使用して構成

Chapter 4

宇宙人と鳥の運動会

- **4-1** この章で作成する作品の概要とその動作
- **4-2** 背景を入れよう
- **4-3** ネコを消して、宇宙人を追加しよう
- **4-4** 宇宙人を動かしてみよう
- **4-5** 宇宙人と鳥を動かしてみよう
- **4-6** まとめ：スプライトとコード

この章では、複数のキャラクター（スプライト）の扱い方と動かし方について学びます。それぞれのスプライトごとにコードを作成することにより、複数のスプライトを動作させることができます。また、乱数を使うことにより、スプライトどうしで似ている動きや、単調な動きに変化を与えることができます。

- スプライトとコード
- 乱数

Section 4-1 この章で作成する作品の概要とその動作

概要

鳥と宇宙人が同じ方向に向かい、ステージの端に着いたら反対側に向かう動作を繰り返すプログラムを作成します。鳥と宇宙人のそれぞれのスプライトごとにコードを作成します。また、ランダムな数である乱数を使用することにより、鳥と宇宙人がいろいろな速さで動くようにし、競争をしている雰囲気を表現します。

プログラム

完成したプログラムは次のようになります。

 のコード   のコード

DL ダウンロード 4.sb3

動作

完成したプログラムは次のように動作します。

 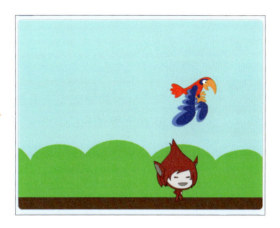

 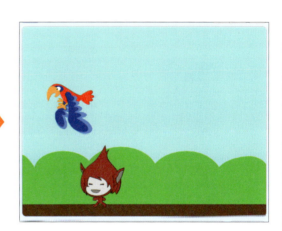

 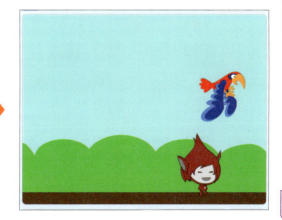

Section 4-2 背景を入れよう

> **ここで やること**　ステージに背景を入れます。P.14を参考にし、あらかじめスクラッチのWebサイトにアクセスしておきます。

 をクリックします ❶。

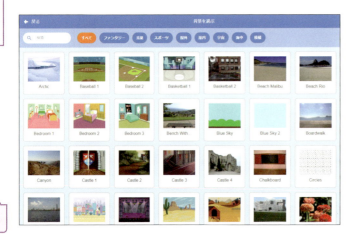

「背景を選ぶ」が表示されます。

「Blue Sky」を
クリックし 、選びます。

4-2
背景を入れよう

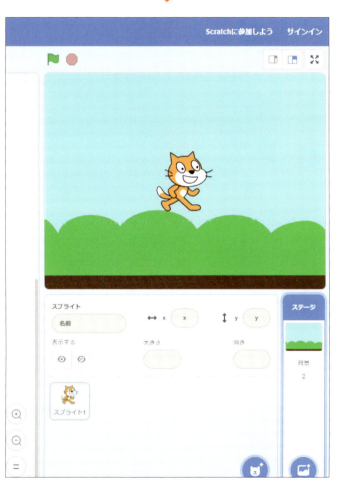

ステージに背景が入りました。

Chapter 4
宇宙人と鳥の運動会

59

Section 4-3 ネコを消して宇宙人を追加しよう

ここでやること ネコを消して、宇宙人を追加します。

スプライトリストの
 をクリックします❶。

 をクリックします❷。

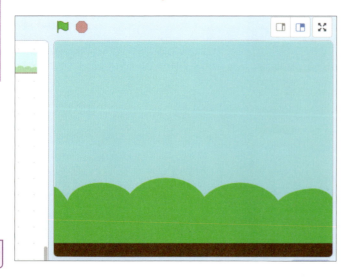

ネコが消えました。

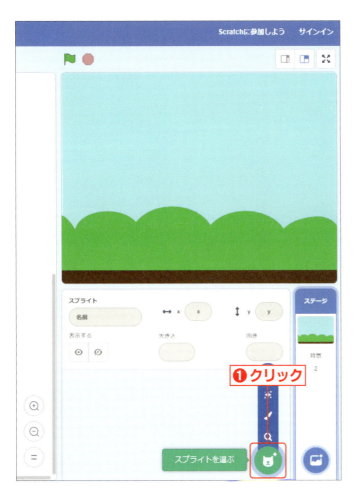

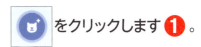 をクリックします❶。

4-3 ネコを消して宇宙人を追加しよう

「スプライトを選ぶ」が表示されます。
「Giga Walking」をクリックし❶、選びます。

Memo
スクロールバーなどを使い、画面を下にスクロールさせて「Giga Walking」を探します。

Chapter 4 宇宙人と鳥の運動会

61

が追加されました。

をクリックします❶。

「スプライトを選ぶ」が表示されます。
「Parrot」をクリックし❶、選びます。

Memo
スクロールバーなどを使い、画面を下にスクロールさせて、「Parrot」を探します。

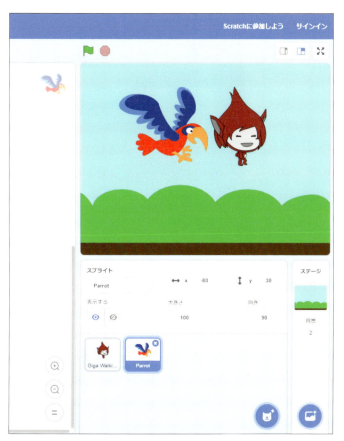

 が追加されました。

Memo
ステージにも宇宙人（Giga Walking）と鳥（Parrot）が表示されています。

4-3 ネコを消して宇宙人を追加しよう

Chapter 4 宇宙人と鳥の運動会

63

Section 4-4 宇宙人を動かしてみよう

ここでやること　宇宙人を左右にいろいろな速さで動き続けるようにします。

スプライトリストの をクリックします❶。

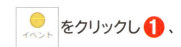 をクリックし❶、

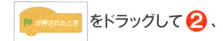 をドラッグして❷、コードエリアに置きます。

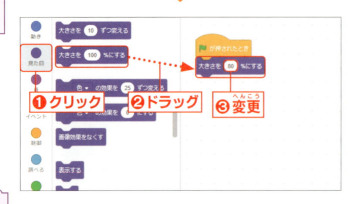

 をクリックし❶、

 をドラッグします❷。
値を「80」に変更し❸、宇宙人の大きさを小さくします。

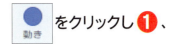 をクリックし❶、

x座標を 0 、y座標を 0 にする

をドラッグします❷。
それぞれの値を
「-150」、「-130」に変更し❸、
宇宙人のスタート位置を
左端にします。

4-4 宇宙人を動かしてみよう

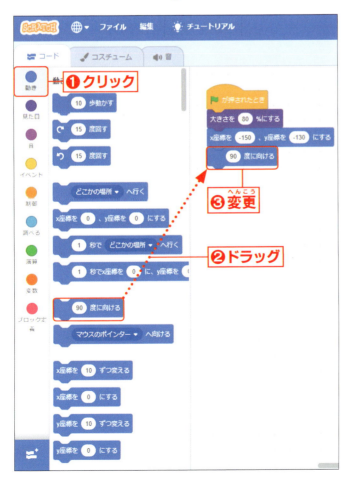

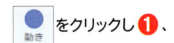 をクリックし❶、

 をドラッグ

します❷。
値を「90」に変更し❸、
宇宙人がスタート時に
右方向を向くようにします。

Chapter 4 宇宙人と鳥の運動会

Memo
値が「90」のときは右方向を向きます。値を「0」にすると上方向、「180」にすると下方向を向きます。値を「-90」にすると逆さになり左方向を向きます。

65

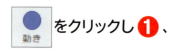 をクリックし❶、

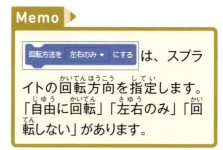 をドラッグします❷。

Memo

 は、スプライトの回転方向を指定します。「自由に回転」「左右のみ」「回転しない」があります。

 をクリックし❶、

 をドラッグして❷、

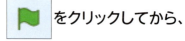 をクリックしてから、1秒後に宇宙人が動くようにします。

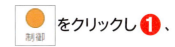 をクリックし ❶、

 をドラッグします ❷。

4-4 宇宙人を動かしてみよう

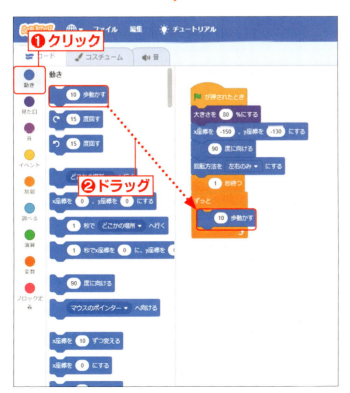

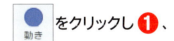 をクリックし ❶、

 をドラッグします ❷。

Chapter 4 宇宙人と鳥の運動会

67

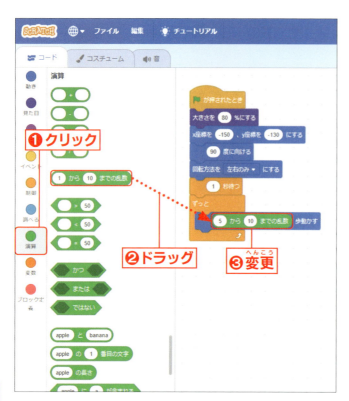

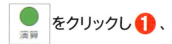をクリックし❶、

を

ドラッグし❷、

の上に

重ねます。
それぞれの値を「5」、「10」に
変更し❸、宇宙人が
ランダムな速さで
動くようにします。

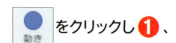をクリックし❶、

を

ドラッグして❷、宇宙人が
ステージの端に着いたら
反対方向に動くようにします。

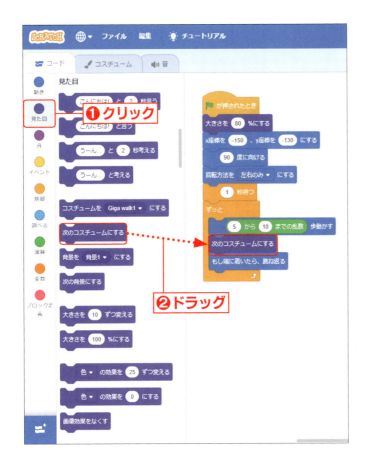

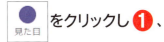 をクリックし❶、

 を

ドラッグして❷、

の下に置き、宇宙人が
走っているように見せます。

> **Memo**
>
> コスチュームは
> をクリックして確認します。
> 宇宙人のコスチュームは3種類
> 用意されています。これらを
> 連続して表示させ、宇宙人が駆
> けているように見せます。
>
>

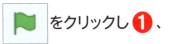 をクリックし❶、
ここまでの動作を確認します。

4-4
宇宙人を動かしてみよう

Chapter 4 宇宙人と鳥の運動会

69

Section 4-5 宇宙人と鳥を動かしてみよう

ここでやること　鳥も左右にいろいろな速さで動き続けるようにします。宇宙人のコードを鳥のコードエリアにコピーし、修正して利用します。

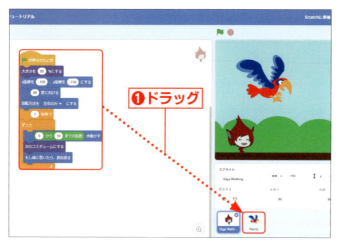

宇宙人のコードをスプライトリストの の上へドラッグします❶。

 が揺れたら、ドロップします（マウスの左ボタンを離します）❶。

スプライトリストの を
クリックします ❶。

4-5 宇宙人と鳥を動かしてみよう

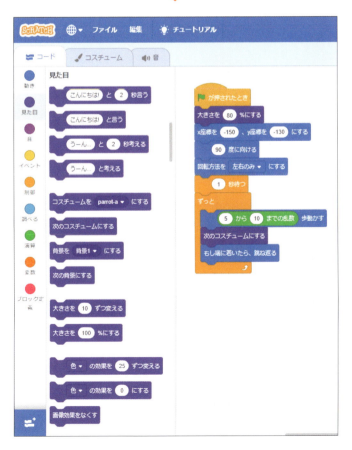

宇宙人のコードが鳥の
コードエリアにコピーされて
いることを確認します。

Memo

コードのコピーでは、宇宙人の
コードを の上に重ねたら
 が揺れるので、素早く
マウスの左ボタンを離します。
すでに作成したコードをコピーし
て利用すると、簡単にコードを
作成することができます。

Chapter 4 宇宙人と鳥の運動会

71

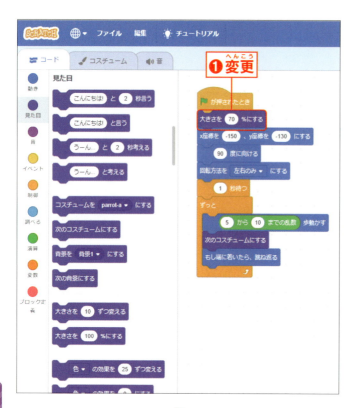

 の値を「70」
に変更し❶、
鳥の大きさを小さくします。

Memo
値を小さくするほど鳥の大きさは小さくなります。

のそれぞれの値を
「-150」、「50」に変更し❶、
鳥のスタート位置を左端にします。

4-5 宇宙人と鳥を動かしてみよう

完成しました。

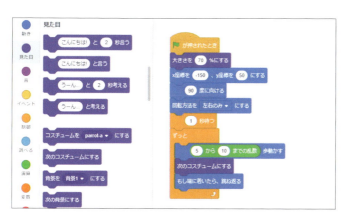

 をクリックし❶、動作させてみましょう。

Memo
宇宙人と鳥が両方とも動きます。

Memo
 をクリックすると、プログラムを停止することができます。

DL ここまでをダウンロード　4-5.sb3

Column　乱数

ある範囲の数の中から、無作為に取り出した数値のことを乱数といいます。例えば、サイコロを振れば1から6までの乱数を得ることができます。乱数を得る仕組みが、多くのプログラミング言語に用意されています。

Section 4-6 まとめ：スプライトとコード

この章では、複数のキャラクター（スプライト）の扱いについて学びました。複数のスプライトを扱う場合は、スプライトごとにコードエリアにコードを作成します。

コードエリアのコードは、スプライトリストにあるスプライトをクリックして切り替えます。コードエリアの右上には、選択されているスプライトが表示されます。なお、をクリックすると、に結合されたコードが一斉に動作します。これにより、キャラクターを一斉に動作させることができます。

宇宙人の
コードを表示

鳥のコードを
表示

Chapter 5
サルから逃げろゲーム

5-1	この章で作成する作品の概要とその動作
5-2	背景を入れよう
5-3	ネコを消してサルとバナナを追加しよう
5-4	サルを動かそう
5-5	バナナを動かそう
5-6	バナナがサルに捕まったら知らせよう
5-7	まとめ：条件分岐と接触判定

　この章では、条件分岐について学びます。条件を指定することにより、条件により処理を分岐できます。例えば、キャラクターどうしがぶつかったら、接触したことを知らせるなどの処理を行います。

　また、ブロックパレットの「調べる」では、キャラクターどうしの接触判定のブロックを利用します。このブロックを使うことでキャラクターどうしが接触したかを判定することができます。

- 条件分岐
- 接触判定

Section 5-1 この章で作成する作品の概要とその動作

概要

サルとバナナが登場します。サルはバナナを追いかけます。バナナは常にマウスポインターのところにいます。マウスでバナナを動かして、サルから逃げてください。サルがバナナに触れたら、サルが「バナナゲット」と言って、触れたことを知らせます。

プログラム

完成したプログラムは次のようになります。

 のコード　　　　 のコード

DL ダウンロード　5.sb3

動作

完成したプログラムは次のように動作します。

をクリックし、ゲームを開始します。

マウスでバナナを操作して、追いかけてくるサルから逃げます。

サルにバナナが触れたら、サルが「バナナゲット」と言います。

Section 5-2 背景を入れよう

ここでやること　ステージに背景を入れます。P.14を参考にし、あらかじめスクラッチのWebサイトにアクセスしておきます。

をクリックします❶。

「背景を選ぶ」が表示されます。

「Desert」をクリックし ❶ 、選びます。

> **Memo**
> スクロールバーなどを使い、画面を下にスクロールさせて、「Desert」を探します。

ステージに背景が入りました。

Section 5-3 ネコを消してサルとバナナを追加しよう

ここでやること ネコを消して、サルとバナナをスプライトリストから追加します。

スプライトリストの

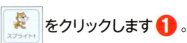 をクリックします❶。

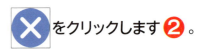 をクリックします❷。

ネコが消えました。

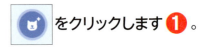 をクリックします❶。

Chapter 5 サルから逃げろゲーム

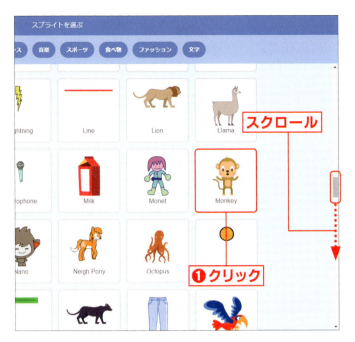

「スプライトを選ぶ」が表示されます。

「Monkey」をクリックし❶、選びます。

Memo

スクロールバーなどを使い、画面を下にスクロールさせて、「Monkey」を探します。

 が追加されました。

 をクリックします❶。

「スプライトを選ぶ」が表示されます。

「Bananas」をクリックし❶、選びます。

 が追加されました。

Memo

ステージにもサル（Monkey）とバナナ（Bananas）が表示されています。

Column　スプライトの追加

「スプライトを選ぶ」では、ジャンルごとに表示すると便利です。例えば、スポーツに関係するものだけを表示したいときは、「スポーツ」をクリックします。

スプライトによっては、複数のコスチュームを持つものがあります。コスチュームが複数あるスプライトでは、マウスポインターを置くと、アニメーションが表示されるため、コスチュームを確認することができます。

Section 5-4 サルを動かそう

ここでやること サルがバナナを追いかけるようにします。

スプライトリストの をクリックします❶。

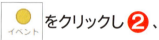 をクリックし❷、

 をドラッグして❸、コードエリアに置きます。

 をクリックし❶、

 をドラッグします❷。

Memo
もし値が0でない場合は、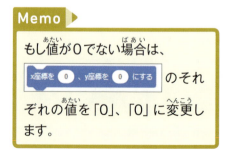 のそれぞれの値を「0」、「0」に変更します。

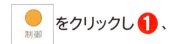 をクリックし❶、
をドラッグします❷。

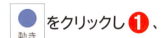をクリックし❶、

と

を

ドラッグします❷。

Memo

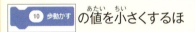の値を小さくするほど、サルはゆっくり追いかけます。

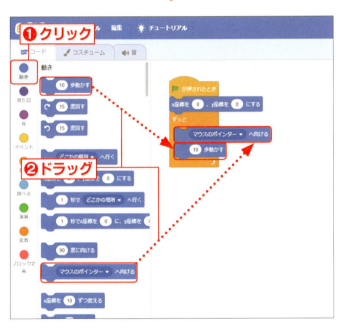

をクリックし❶、
ここまでの動作を確認します。

 5-4.sb3

Section 5-5 バナナを動かそう

ここでやること　バナナをマウスと連動して動かします。マウスの位置にバナナが来るようにします。

スプライトリストの をクリックします❶。

 をクリックし❷、

 をドラッグして❸、

コードエリアに置きます。

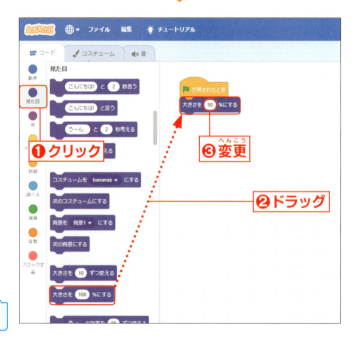

 をクリックし❶、

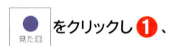 を

ドラッグします❷。
値を「50」に変更し❸、
バナナの大きさを
小さくします。

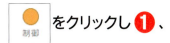をクリックし❶、

をドラッグします❷。

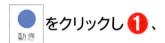をクリックし❶、

を

ドラッグします❷。
▼をクリックします❸。
「マウスのポインター」を
クリックして選び❹、
バナナがマウスポインターと
同じ位置に
なるようにします。

をクリックし❶、

ここまでの動作を確認します。

Memo

「マウスポインターへ行く」は、スプライトをマウスポインターの位置へ瞬時に移動させます。

 5-5.sb3

Section 5-6 バナナがサルに捕まったら知らせよう

ここでやること　サルがバナナに触れたら、サルに言葉をしゃべらせます。

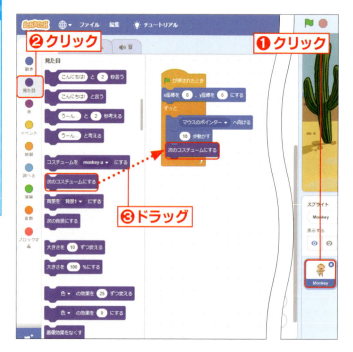

スプライトリストの をクリックします❶。

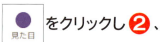 をクリックし❷、

 をドラッグします❸。

Memo

 は、コスチュームが複数ある場合は、順番に切り替わります。

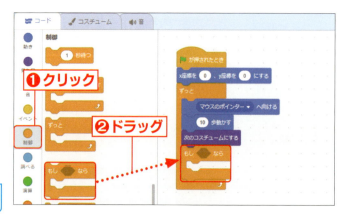

 をクリックし❶、

 をドラッグします❷。

Memo

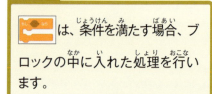

 は、条件を満たす場合、ブロックの中に入れた処理を行います。

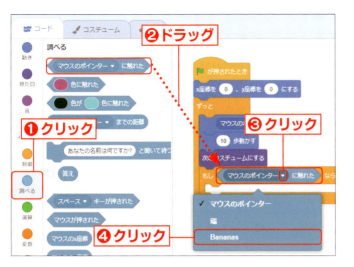

 をクリックし❶、

をドラッグして❷、

 に重ねます。

▼をクリックします❸。
「Bananas」をクリックし❹、
選びます。

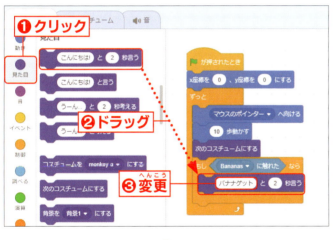

 をクリックし❶、

 を

ドラッグします❷。
文字を「バナナゲット」に
変更します❸。

完成しました

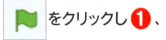 をクリックし❶、
動作をさせてみましょう。

Memo

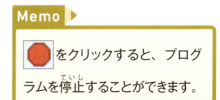

5-6 バナナがサルに捕まったら知らせよう

Chapter 5 サルから逃げろゲーム

Section 5-7 まとめ：条件分岐と接触判定

● 条件分岐と接触判定

この章では、条件分岐を学びました。条件分岐を使うと、「もし○○なら」の○○が成り立つとき（真の場合）は処理が実行され、成り立たないとき（偽の場合）は処理が実行されないようにすることができます。

例）もし、スプライトがマウスのポインターに触れたら、「マウスポインターに触れたよ」と2秒言います。
触れていなければ、処理は実行されません。

このブロックの他に、「もし○○なら、でなければ」のブロックがあります。「もし○○」の○○が成り立たないとき（偽の場合）の処理が用意されています。

例）もし、スプライトがマウスのポインターに触れたら、「マウスポインターに触れたよ」と2秒言います。
触れていなければ、「マウスポインターに触れていません」と2秒言います。

Chapter 6
球よけゲーム

6-1	この章で作成する作品の概要とその動作
6-2	背景を入れよう
6-3	ネコを消して球と鳥を追加しよう
6-4	球を動かそう
6-5	球のクローンを作って動かそう
6-6	鳥が球に当たったら音を鳴らそう
6-7	まとめ：クローン

この章では、クローンについて学びます。クローンを使うことにより、同じキャラクターをステージに複数表示させることができます。また、クローンの大きさや動作などを設定することにより、同じ形状のキャラクターに異なる表現を与えることができます。

- クローン
- 音

Section 6-1 この章で作成する作品の概要とその動作

概要

大きな球がランダムに動きまわりながら小さな球を沢山撃ってきます。鳥をマウスで操作して球をよけるプログラムを作成します。小さな球は大きな球をクローン（複製）することにより作成します。また、鳥が球に当たった場合は鳥の鳴き声の音を鳴らして、当たったことを知らせます。

プログラム

完成したプログラムは次のようになります。

 のコード　　 のコード

ダウンロード　6.sb3

動作

完成したプログラムは次のように動作します。

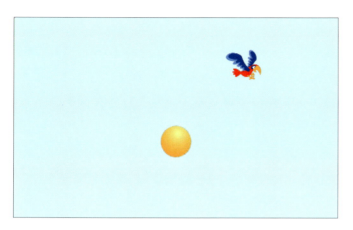

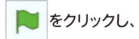 をクリックし、ゲームを開始します。

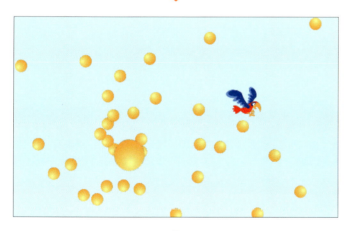

鳥をマウスで操作し、球に当たらないようにします。
大きな球は小さな球を沢山発射してきます。

「当たった」としゃべらせることもできます。

Section 6-2 背景を入れよう

ここでやること　ステージに背景を入れます。P.14を参考にし、あらかじめスクラッチのWebサイトにアクセスしておきます。

 をクリックします ❶ 。

「背景を選ぶ」が表示されます。

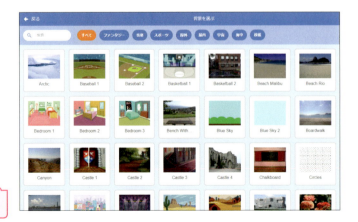

「Blue Sky 2」を
クリックし、選びます。

ステージに背景が入りました。

6-2 背景を入れよう

Chapter 6 球よけゲーム

ここまでを
ダウンロード　6-2.sb3

Section 6-3 ネコを消して球と鳥を追加しよう

ここでやること ネコを消して、球と鳥を追加します。

Chapter 6 球よけゲーム

スプライトリストの を
クリックします❶。

 をクリックします❷。

↓

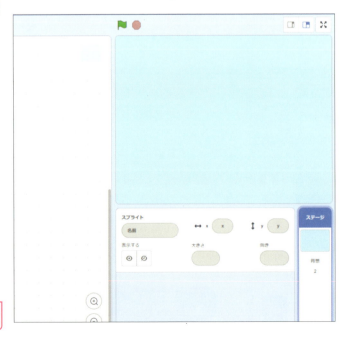

ネコが消えました。

96

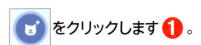をクリックします❶。

6-3 ネコを消して球と鳥を追加しよう

Chapter 6 球よけゲーム

↓

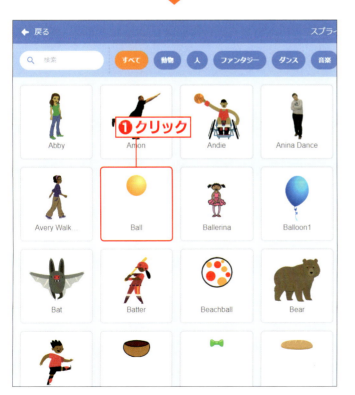

「スプライトを選ぶ」が表示されます。
「Ball」をクリックし❶、選びます。

97

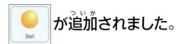が追加されました。

をクリックします❶。

「スプライトを選ぶ」が表示されます。

「Parrot」をクリックし❶、選びます。

Memo

スクロールバーなどを使い、画面を下にスクロールさせて「Parrot」を探します。

 が追加されました。

Memo

ステージにも球（Ball）と鳥（Parrot）が表示されています。

6-3.sb3

6-3 ネコを消して球と鳥を追加しよう

Chapter 6 球よけゲーム

99

Section 6-4 球を動かそう

ここでやること　球がランダムに動き続けるようにします。

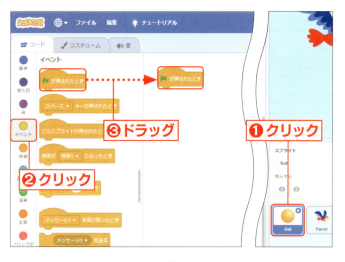

スプライトリストの 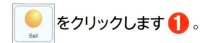 をクリックします❶。

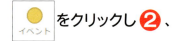 をクリックし❷、

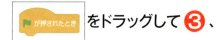 をドラッグして❸、

コードエリアに置きます。

 をクリックし❶、

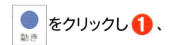 をドラッグします❷。

それぞれの値を「0」、「0」に変更し❸、球のスタート位置をステージ中央にします。

Chapter 6　球よけゲーム

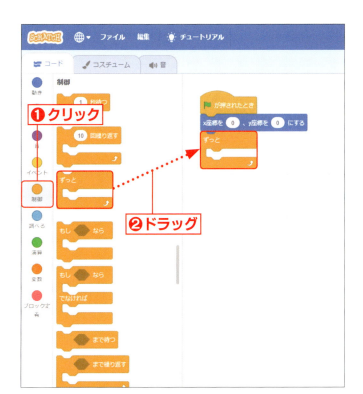

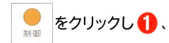 をクリックし ❶、

 をドラッグします ❷。

Memo

 は、ブロックの中に入れた処理をずっと繰り返します。

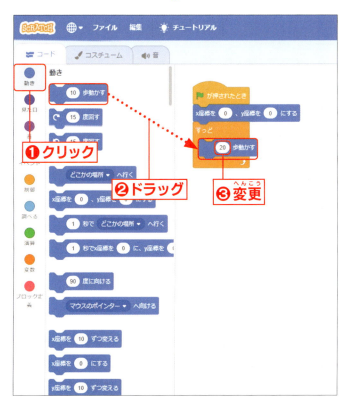

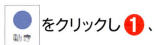 をクリックし ❶、

 をドラッグします ❷。
値を「20」に変更し ❸、
球が動く速度を速くします。

Memo

値を大きくするほど球は速く動きます。

を
ドラッグし❶、球が
ステージの端に触れたら
跳ね返らせます。

を
ドラッグし❶、
の上に
置きます。

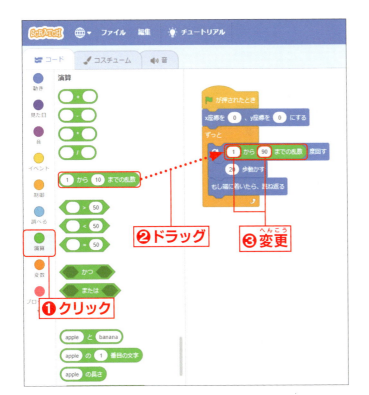

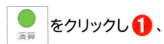 をクリックし ❶、

 を

ドラッグして ❷、

 に重ねます。

それぞれの値を「1」、「90」に
変更し ❸、
さまざまな方向へ球が
動くようにします。

> **Memo**
> 右側の値を大きくするほど球の
> 方向が複雑に変化します。

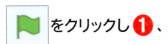 をクリックし ❶、

ここまでの動作を確認します。

Section 6-5 球のクローンを作って動かそう

ここでやること 球が自分自身のクローンを作り続けるようにします。

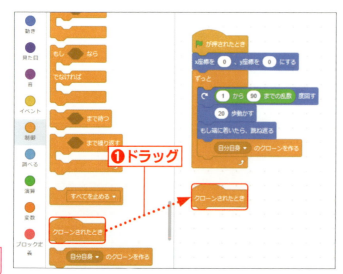

 をクリックし ❶、

 を

ドラッグして ❷、
球のクローンを作ります。

> **Memo**
> 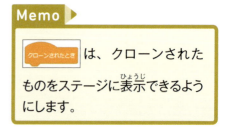 は、自分と同じものをクローン（複製）します。

 クローンされたとき を

ドラッグします ❶。

> **Memo**
> クローンされたとき は、クローンされたものをステージに表示できるようにします。

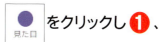 をクリックし ❶、

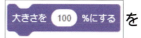 をドラッグします ❷。
値を「40」に変更し ❸、
球のクローンの大きさを小さくします。

Memo
値を小さくするほど球のクローンの大きさは小さくなります。

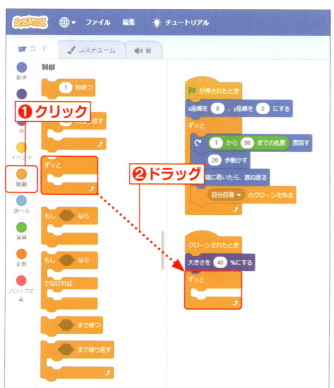

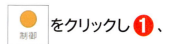 をクリックし ❶、

 をドラッグします ❷。

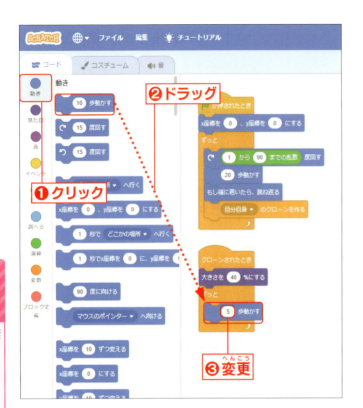

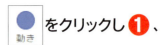 をクリックし❶、

 を

ドラッグして❷、球の
クローンを動かし続けます。
値を「5」に変更し❸、
球のクローンの速度を
遅くします。

Memo
値を小さくするほど球のクローンは遅く動きます。

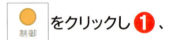 をクリックし❶、

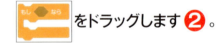 をドラッグします❷。

Memo
 は、条件を満たす場合、
ブロックの中に入れた処理を行います。

をクリックし❶、

をドラッグして❷、

に重ねます。

▼をクリックします❶。
「端」をクリックし❷、
選びます。

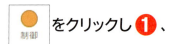をクリックし❶、

をドラッグして❷、ステージの端まで行った球のクローンを削除します。

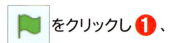をクリックし❶、ここまでの動作を確認します。

Column　クローンと繰り返し処理の組み合わせ

クローンは繰り返し処理のブロックと組み合わせて利用すると便利です。下記のコードは典型的なクローン処理です。自分自身（オリジナル）のクローンを作成し続けて右方向に飛ばし続けます。

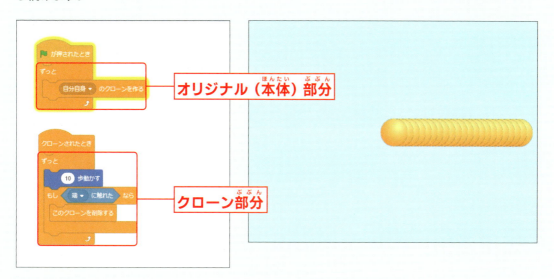

ブロックを加えることにより、スプライトに動きを加えることができます。下記のコードは自分自身（オリジナル）を回転させ続けながらクローンを作成することにより、クローンの飛ぶ方向を連続的に変えています。

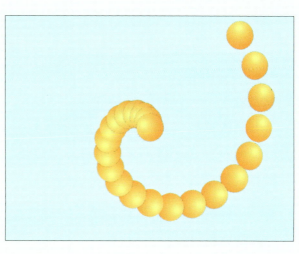

Memo
球の飛ぶ方向が15度間隔で変わります。

Section 6-6 鳥が球に当たったら音を鳴らそう

ここでやること　マウスで鳥を動かせるようにします。鳥が球に当たったら、鳥の鳴き声を鳴らします。

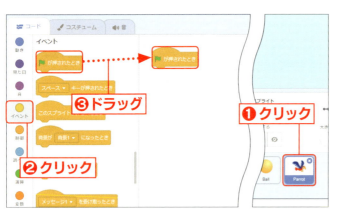

スプライトリストの をクリックします❶。

 をクリックし❷、

が押されたとき をドラッグして❸、コードエリアに置きます。

 見た目 をクリックし❶、

 をドラッグします❷。
値を「30」に変更し❸、鳥の大きさを小さくします。

Memo
値を小さくするほど鳥の大きさは小さくなります。鳥の大きさを小さくすると球に当たりにくくなります。

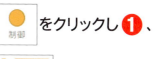をクリックし❶、

をドラッグします❷。

6-6 鳥が球に当たったら音を鳴らそう

Chapter 6 球よけゲーム

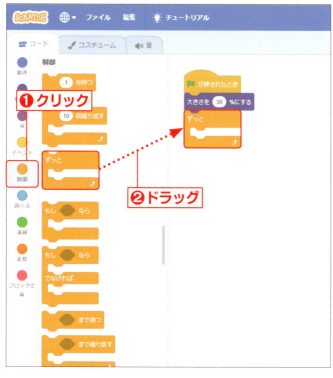

をクリックし❶、

をドラッグします❷。

111

▼をクリックします❶。
「マウスのポインター」を
クリックして選び❷、
鳥のスプライトが
マウスポインターと
同じ位置になるようにします。

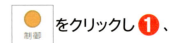 をクリックし❶、

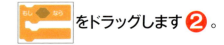 をドラッグします❷。

 をクリックし❶、

 をドラッグして❷、

 に重ねます。

6-6 鳥が球に当たったら音を鳴らそう

Chapter 6 球よけゲーム

▼をクリックします❶。
「Ball」をクリックし❷、選びます。

113

をクリックし❶、

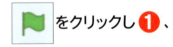を

ドラッグします❷。

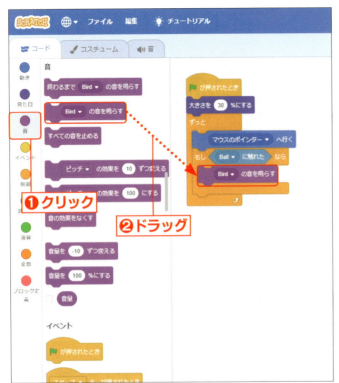

完成しました。

をクリックし❶、

動作させてみましょう。

Memo

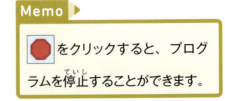

DL ここまでを ダウンロード　6-6.sb3

Column 音とセリフ

音を消してゲームをするときは、当たり判定がわかりません。鳥の鳴き声を鳴らすブロックの下に、鳥がしゃべるブロックを入れておくと、音を消している場合でも当たり判定がわかります。ここでは ［当たった と 0.1 秒言う］ を入れることにより、鳥が球に当たると「当たった」と0.1秒間しゃべります。

Section 6-7 まとめ：クローン

この章では、クローン（複製）について学びました。スプライトは一つ一つ作成することもできますが、同じ形のスプライトであればクローンを利用することにより簡単に作ることができます。

クローンによる一般的な処理は、「クローンの作成」→「クローンの処理」→「クローンの削除」という順序になります。クローンは自分自身のクローンだけでなく、スプライトリストにある他のスプライトのクローンも作成することができます。

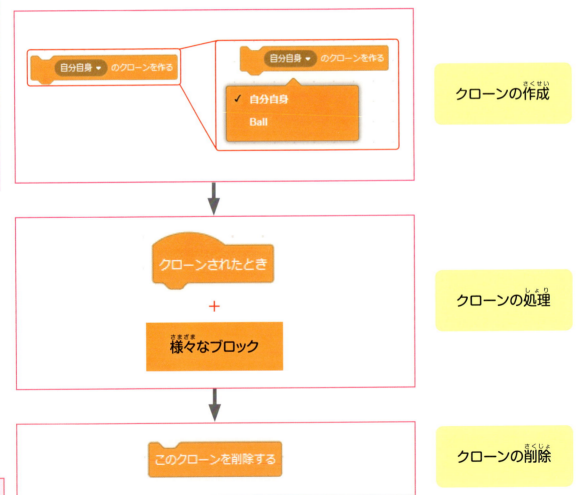

Chapter 7

絵本

7-1	この章で作成する作品の概要とその動作
7-2	背景を入れよう
7-3	ネコを消して鳥と宇宙人と宇宙船を追加しよう
7-4	鳥と宇宙人と宇宙船の大きさや位置を決めよう
7-5	シーン1を作ろう
7-6	シーン2を作ろう
7-7	シーン3を作ろう
7-8	まとめ：メッセージ

この章では、メッセージについて学びます。メッセージを使うことにより、キャラクター（スプライト）どうしを会話させたり連携させたりすることができます。また、初期設定（初期化）を行うことにより、プログラムを実行して移動したスプライトなどを、プログラムを実行する前の状態に戻すことを学びます。

- メッセージ
- シーン

Section 7-1 この章で作成する作品の概要とその動作

概要

鳥と宇宙人が会話し、宇宙人が宇宙船に乗って宇宙へ帰って行くプログラムを作成します。キャラクター（スプライト）どうしの会話や連携にはメッセージを使用します。また、初期設定（初期化）を行うことにより、プログラム実行後に移動したスプライトなどを、絵本が始まるときの状態にします。

プログラム

完成したプログラムは次のようになります。

 のコード   のコード 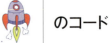 のコード

DL ダウンロード 7.sb3

動作

完成したプログラムは次のように動作します。

シーン1

シーン2

シーン2

シーン2

シーン2

シーン3

Section 7-2 背景を入れよう

ここでやること ステージに背景を入れます。P.14を参考にし、あらかじめスクラッチのWebサイトにアクセスしておきます。

 をクリックします❶。

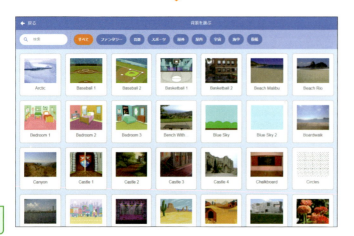

「背景を選ぶ」が表示されます。

「Blue Sky」を
クリックし、選びます。

7-2 背景を入れよう

ステージに背景が入りました。

Chapter 7 絵本

ここまでを
ダウンロード　7-2.sb3

121

Section 7-3 ネコを消して鳥と宇宙人と宇宙船を追加しよう

ここでやること　ネコを消して、鳥と宇宙人と宇宙船を追加します。

スプライトリストのをクリックします❶。

をクリックします❷。

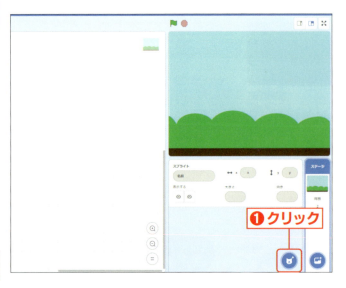

ネコが消えました。

をクリックします❶。

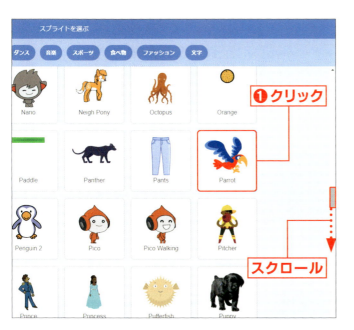

「スプライトを選ぶ」が表示されます。
「Parrot」をクリックし❶、選びます。

Memo
スクロールバーなどを使い、画面を下にスクロールさせて「Parrot」を探します。

 が追加されました。

 をクリックします❶。

7-3 ネコを消して鳥と宇宙人と宇宙船を追加しよう

Chapter 7 絵本

123

「スプライトを選ぶ」が表示されます。
「Giga」をクリックし❶、選びます。

Memo

スクロールバーなどを使い、画面を下にスクロールさせて「Giga」を探します。

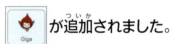 が追加されました。

 をクリックします❶。

「スプライトを選ぶ」が表示されます。
「Rocketship」をクリックし❶、選びます。

Memo
スクロールバーなどを使い、画面を下にスクロールさせて「Rocketship」を探します。

 が追加されました。

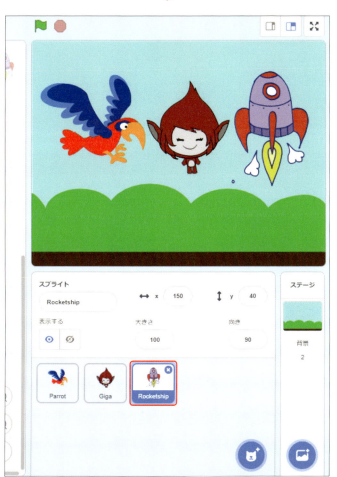

Memo
ステージにも鳥（Parrot）と宇宙人（Giga）と宇宙船（Rocketship）が表示されています。

7-3.sb3

Section 7-4 鳥と宇宙人と宇宙船の大きさや位置を決めよう

ここでやること　開始時における鳥と宇宙人と宇宙船の位置などの設定をします。

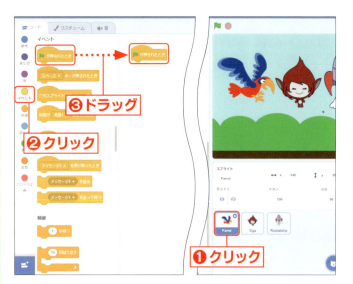

スプライトリストの を

クリックします❶。

 をクリックし❷、

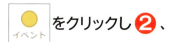 をドラッグして❸、

コードエリアに置きます。

 をクリックし❶、

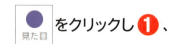 を

ドラッグします❷。
値を「60」に変更し❸、
鳥の大きさを小さくします。

7-4 鳥と宇宙人と宇宙船の大きさや位置を決めよう

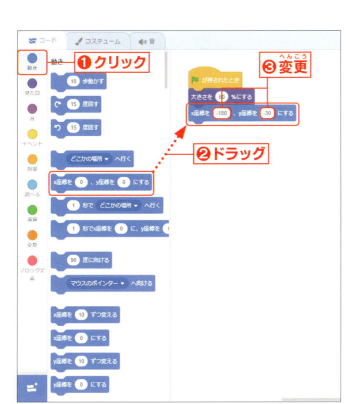

 をクリックし❶、

 x座標を 0 、y座標を 0 にする をドラッグします❷。

それぞれの値を「-180」、「-30」に変更し❸、鳥の表示位置を左やや下付近にします。

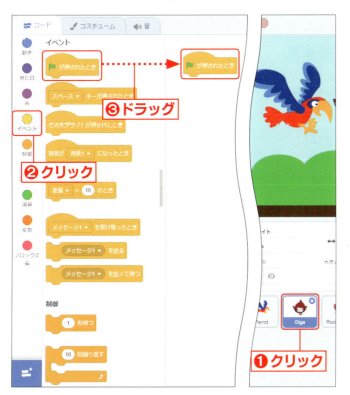

スプライトリストの をクリックします❶。

 をクリックし❷、

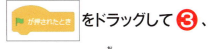 をドラッグして❸、コードエリアに置きます。

Chapter 7 絵本

127

 をクリックし ❶、

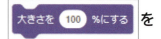 を

ドラッグします ❷。
値を「70」に変更し ❸、
宇宙人の大きさを
小さくします。

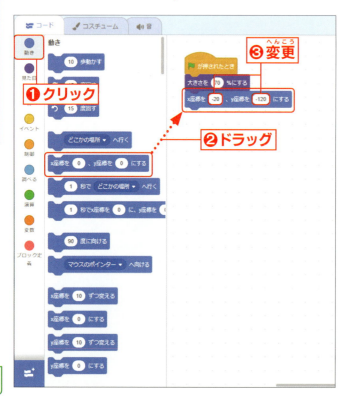

 をクリックし ❶、

 を

ドラッグします ❷。
それぞれの値を
「-20」、「-120」に変更し ❸、
宇宙人の表示位置を
中央下付近にします。

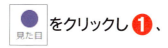 をクリックし❶、

 をドラッグして❷、

宇宙人を表示させます。

7-4
鳥と宇宙人と宇宙船の大きさや位置を決めよう

Memo
宇宙人はプログラムを実行すると、終了時に消えていますので表示させます。

スプライトリストの  をクリックします❶。

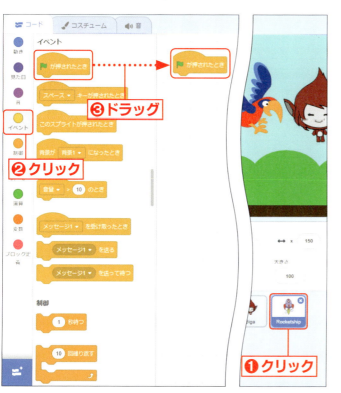 をクリックし❷、

をドラッグして❸、コードエリアに置きます。

Chapter 7 絵本

129

をクリックし❶、

をドラッグします❷。

それぞれの値を
「170」、「-120」に変更し❸、
宇宙船の表示位置を
右端下付近にします。

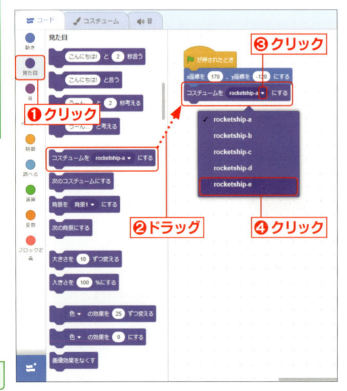

をクリックし❶、

コスチュームを rocketship-a にする をドラッグします❷。

▼をクリックします❸。

「rocketship-e」を
クリックして選び❹、
宇宙船を着陸状態にします。

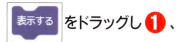をドラッグし❶、宇宙船を表示させます。

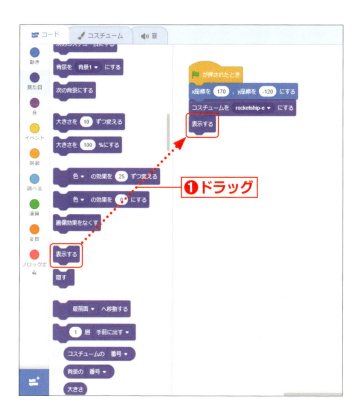

Memo
宇宙船はプログラムを実行すると、終了時に消えていますので表示させます。

をクリックし❶、ここまでの動作を確認します。

7-4 鳥と宇宙人と宇宙船の大きさや位置を決めよう

Chapter 7 絵本

Section 7-5 シーン1を作ろう

ここでやること　シーン1（鳥の会話）を作ります。

スプライトリストの をクリックします❶。

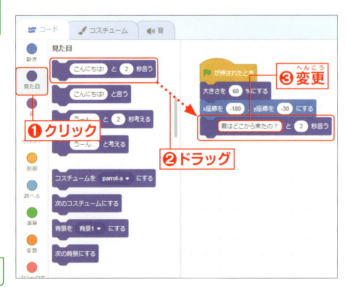

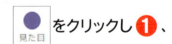 をクリックし❶、

 をドラッグします❷。
文字を「君はどこから来たの?」に変更し❸、
鳥のセリフを作成します。

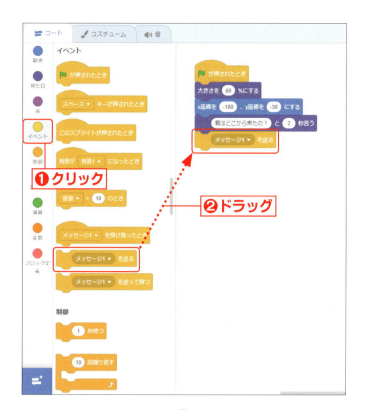

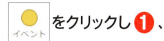 をクリックし❶、

 を

ドラッグします❷。

Memo
この後[メッセージ1]を受け取ったコードが実行されます。

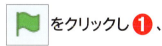 をクリックし❶、

ここまでの動作を確認します。

7-5

シーン1を作ろう

Chapter 7 絵本

133

Section 7-6 シーン2を作ろう

ここで やること　シーン2（宇宙人の会話と動作）を作成します。

スプライトリストの を
クリックします❶。

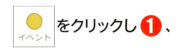 をクリックし❶、

 を
ドラッグして❷、
鳥からの[メッセージ1]を
受信します。

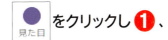をクリックし❶、

を

3つドラッグします❷。
文字を
「僕は宇宙から来たんだよ。」、
「これから宇宙に帰るんだ。」、
「また会おうね。」に変更し❸、
宇宙人のセリフを作成します。

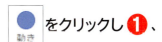をクリックし❶、

を2つドラッグします❷。
それぞれの値を
「1」、「170」、「-120」
「1」、「170」、「-100」
に変更し❸、
宇宙人を宇宙船へ移動します。

135

 をクリックし ❶、

 をドラッグして ❷、

宇宙人を宇宙船に乗せます。

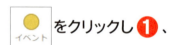 をクリックし ❶、

 を

ドラッグします ❷。

Memo

宇宙人の会話と動作が終わったので、[メッセージ2]を作成します。[メッセージ1]ははじめから用意されていますが、それ以外のメッセージは用意されていないので、これ以降の操作で作成します。

▼をクリックします❶。
[新しいメッセージ]を
クリックし❷、選びます。

「メッセージ2」と
入力します❶。
[OK]をクリックします❷。

7-6 シーン2を作ろう

Chapter 7 絵本

137

に

なりました。

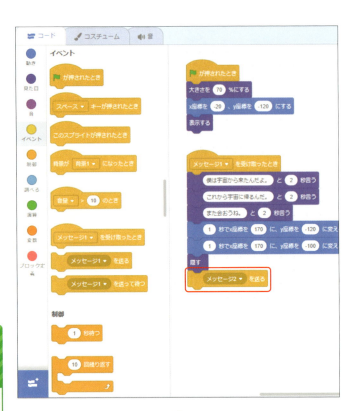

をクリックし❶、
ここまでの動作を確認します。

Column　メッセージの送受信の組み合わせ

メッセージは、さまざまな送信者と受信者の組み合わせを取ることができます。この章で作った絵本の場合、シーン1では送信者は鳥で受信者は宇宙人です（1対1の組み合わせ）。シーン2では送信者は宇宙人で受信者は宇宙船と鳥です（1対2の組み合わせ）。

シーン1 → シーン2

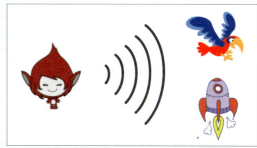

シーン2 → シーン3

1つのスプライトから複数のスプライトに同じメッセージを送受信させると、複数のスプライトを一斉に動作させることができます。

Section 7-7 シーン3を作ろう

ここでやること シーン3（宇宙船の動作と鳥の会話）を作成します。

スプライトリストの を
クリックします❶。

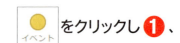 をクリックし❶、

 を

ドラッグします❷。

▼をクリックします❶。
「メッセージ2」を
クリックし❷、選びます。

7-7
シーン3を作ろう

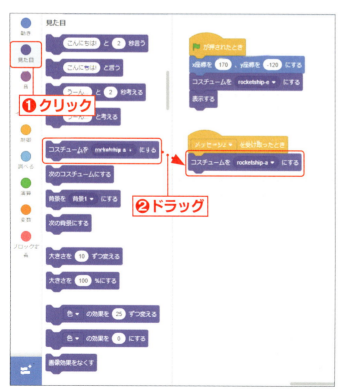

Memo
宇宙人からの[メッセージ2]を受信します。

 をクリックし❶、

 を

ドラッグします❷。

▼をクリックします❶。
「rocketship-a」を
クリックし❷、選んで、
宇宙船から燃料を
噴射させます。

Memo
ドラッグした状態ですでに
「rocketship-a」になっている
場合は、確認のみ行います。

をクリックし❶、

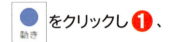

をドラッグします❷。
それぞれの値を、「1」、「170」、
「180」に変更し❸、
宇宙船を発進させます。

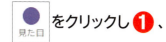 をクリックし❶、

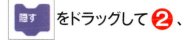 をドラッグして❷、

宇宙船を飛び去らせます。

7-7

シーン3を作ろう

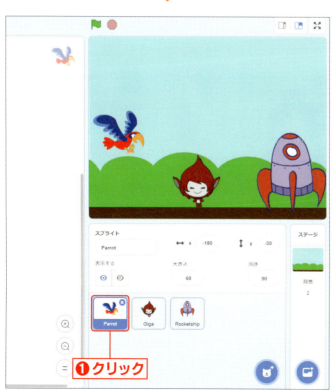

スプライトリストの  を

クリックします❶。

Chapter 7 絵本

143

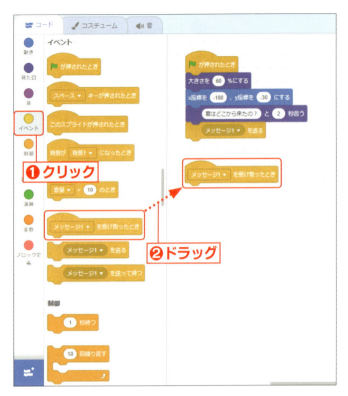

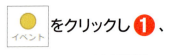をクリックし❶、

を

ドラッグします❷。

▼をクリックします❶。
「メッセージ2」を
クリックし❷、選びます。

Memo
宇宙人からの[メッセージ2]を
受信します。

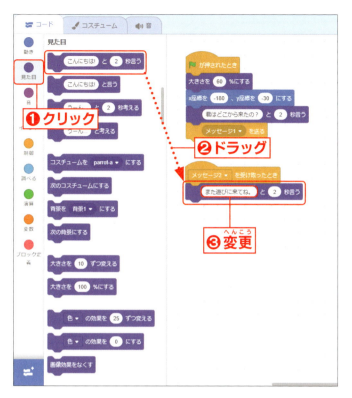

 をクリックし ❶、

 を

ドラッグします ❷。
文字を「また遊びに来てね。」
に変更し ❸、
鳥のセリフを作成します。

完成しました。 を

クリックし ❶、
動作させてみましょう。

7-7

シーン3を作ろう

Chapter 7 絵本

Section 7-8 まとめ：メッセージ

　この章では、メッセージについて学びました。メッセージを利用するとキャラクター（スプライト）どうしの動きを連携させることができます。絵本の場合はシーン（場面）を考えてから作成すると作成しやすくなります。なお、最初のシーンが始まる前に、スプライトの大きさや位置の初期設定（初期化）をしてきます。これは、最後のシーンが終わったときにスプライトの位置などが変わっているため、これらを最初のシーンが始まるときの状態に戻しておく必要があるからです。

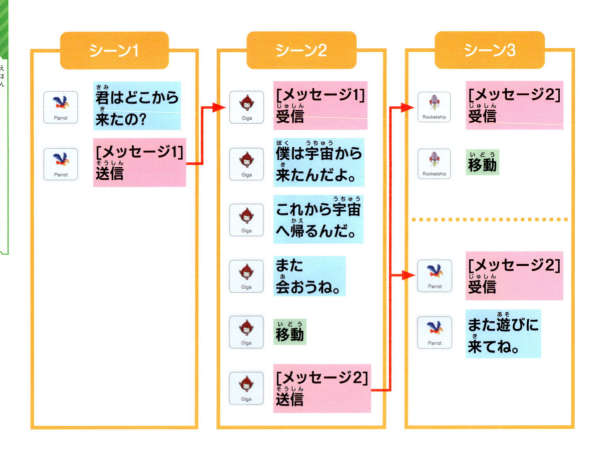

Chapter 8
どうぶつ当てクイズ

8-1	この章で作成する作品の概要とその動作
8-2	背景を入れよう
8-3	ネコを消してキャラクターを追加しよう
8-4	2択のクイズを作ろう
8-5	クイズの2問目を作ろう
8-6	キャラクターにアニメーションを付けよう
8-7	まとめ：入出力

この章では、入力と出力について学びます。入力を行うことにより、入力内容を数字や文字として表示させたり、入力結果を条件分岐などに利用したりすることができます。

- 入力
- 出力

Section 8-1 この章で作成する作品の概要とその動作

概要

女の子がどうぶつ当てクイズを出題するプログラムを作成します。回答の入力にはユーザー入力用のブロックを使用します。また、回答の入力結果を条件分岐に利用します。

プログラム

完成したプログラムは次のようになります。

 のコード

ダウンロード　8.sb3

動作

完成したプログラムは次のように動作します。

Section 8-2 背景を入れよう

ここでやること　背景の画像を読み込みます。P.14を参考にし、あらかじめスクラッチのWebサイトにアクセスしておきます。

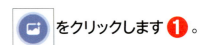 をクリックします ❶。

「背景を選ぶ」が表示されます。

電脳会議

紙面版 **一切無料**

今が旬の情報を満載してお送りします!

『電脳会議』は、年6回の不定期刊行情報誌です。A4判・16頁オールカラーで、弊社発行の新刊・近刊書籍・雑誌を紹介しています。この『電脳会議』の特徴は、単なる本の紹介だけでなく、著者と編集者が協力し、その本の重点や狙いをわかりやすく説明していることです。現在200号に迫っている、出版界で評判の情報誌です。

毎号、厳選ブックガイドもついてくる!!

『電脳会議』とは別に、1テーマごとにセレクトした優良図書を紹介するブックカタログ（A4判・4頁オールカラー）が2点同封されます。

電子書籍を読んでみよう！

| 技術評論社　GDP | 検索 |

と検索するか、以下のURLを入力してください。

https://gihyo.jp/dp

1 アカウントを登録後、ログインします。
【外部サービス(Google、Facebook、Yahoo!JAPAN)でもログイン可能】

2 ラインナップは入門書から専門書、趣味書まで1,000点以上！

3 購入したい書籍を🛒カートに入れます。

4 お支払いは「PayPal」「YAHOO!ウォレット」にて決済します。

5 さあ、電子書籍の読書スタートです！

● **ご利用上のご注意**　当サイトで販売されている電子書籍のご利用にあたっては、以下の点にご留意く
■ **インターネット接続環境**　電子書籍のダウンロードについては、ブロードバンド環境を推奨いたします。
■ **閲覧環境**　PDF版については、Adobe ReaderなどのPDFリーダーソフト、EPUB版については、EPUBリ
■ **電子書籍の複製**　当サイトで販売されている電子書籍は、購入した個人のご利用を目的としてのみ、閲覧、
ご覧いただく人数分をご購入いただきます。
■ **改ざん・複製・共有の禁止**　電子書籍の著作権はコンテンツの著作権者にありますので、許可を得ない改

Software Design WEB+DB PRESS も電子版で読める

電子版定期購読が便利!

くわしくは、
「Gihyo Digital Publishing」
のトップページをご覧ください。

電子書籍をプレゼントしよう!🎁

Gihyo Digital Publishing でお買い求めいただける特定の商品と引き替えが可能な、ギフトコードをご購入いただけるようになりました。おすすめの電子書籍や電子雑誌を贈ってみませんか?

こんなシーンで… ●ご入学のお祝いに ●新社会人への贈り物に ……

●**ギフトコードとは?** Gihyo Digital Publishing で販売している商品と引き替えできるクーポンコードです。コードと商品は一対一で結びつけられています。

くわしいご利用方法は、「Gihyo Digital Publishing」をご覧ください。

- ソフトのインストールが必要となります。
- 印刷を行うことができます。法人・学校での一括購入においても、利用者1人につき1アカウントが必要となり、他人への譲渡、共有はすべて著作権法および規約違反です。

電脳会議
紙面版
新規送付のお申し込みは…

ウェブ検索またはブラウザへのアドレス入力のどちらかをご利用ください。
Google や Yahoo! のウェブサイトにある検索ボックスで、

電脳会議事務局　　　検索

と検索してください。
または、Internet Explorer などのブラウザで、

https://gihyo.jp/site/inquiry/dennou

と入力してください。

「電脳会議」紙面版の送付は送料含め費用は一切無料です。
そのため、購読者と電脳会議事務局との間には、権利&義務関係は一切生じませんので、予めご了承ください。

技術評論社　　電脳会議事務局
〒162-0846　東京都新宿区市谷左内町21-13

「Theater 2」をクリックし、選びます。

> **Memo**
> スクロールバーなどを使い、画面を下にスクロールさせて、「Theater 2」を探します。

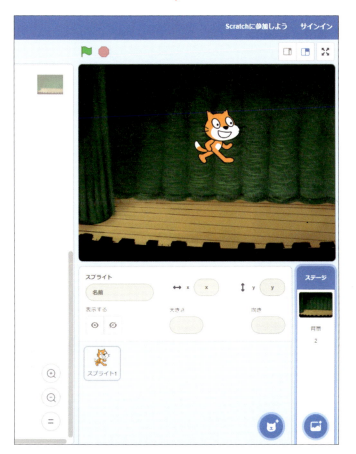

ステージに背景が入りました。

8-2 背景を入れよう

Chapter 8 どうぶつ当てクイズ

DL ここまでをダウンロード 8-2.sb3

151

Section 8-3 ネコを消してキャラクターを追加しよう

ここでやること　ネコを消して、女の子を追加します。

スプライトリストの をクリックします ❶。

 をクリックします ❷。

ネコが消えました。

 をクリックします ❶。

「スプライトを選ぶ」が表示されます。
「Abby」をクリックし、選びます。

 が追加されました。

Memo
ステージにも女の子（Abby）が表示されています。

Section 8-4 2択のクイズを作ろう

> **ここでやること**
> 入力を利用して2択のクイズを作ります。

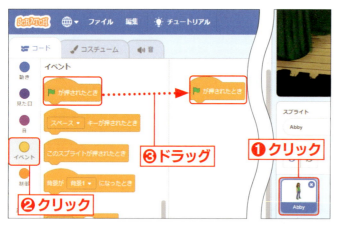

 スプライトリストの を
クリックします ❶。

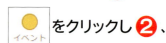 をクリックし ❷、

 をドラッグして ❸、
コードエリアに置きます。

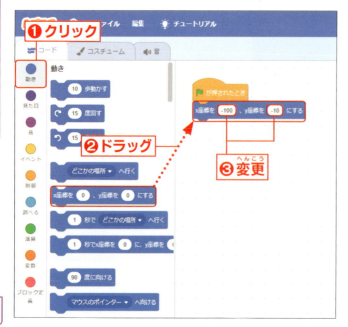

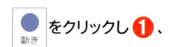 をクリックし ❶、

 を
ドラッグします ❷。
それぞれの値を「-100」、
「-10」に変更し ❸、
女の子の位置をステージの
左端付近にします。

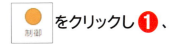 をクリックし ❶、

 をドラッグします ❷。

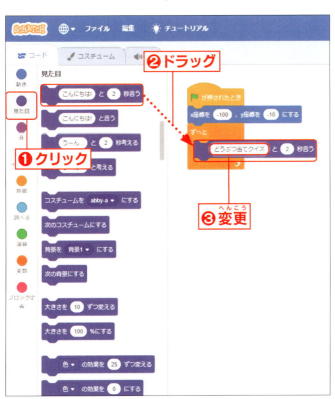

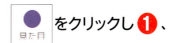 をクリックし ❶、

 を

ドラッグします ❷。
文字を
「どうぶつ当てクイズ」に
変更し ❸、クイズ開始時に、
クイズのタイトルが表示される
ようにします。

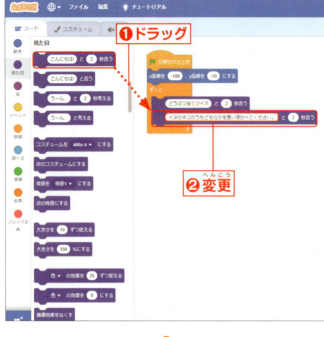

 を
ドラッグします❶。
文字を「イヌかネコのうち
どちらかを思い浮かべて
ください。」と変更します❷。

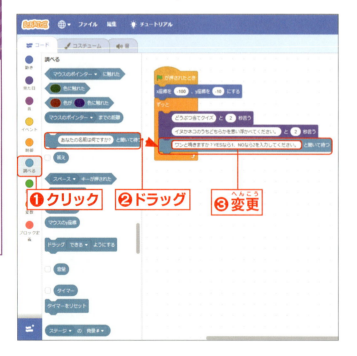

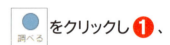 をクリックし❶、

をドラッグします❷。
文字を「ワンと鳴きますか？
YESなら1、NOなら2を
入力してください。」に
変更します❸。

> **Memo**
> 「あなたの名前は何ですかと聞いて待つ」のブロックは、「What's your name?と聞いて待つ」と表示される場合もあります。

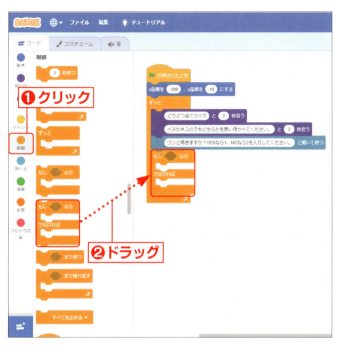

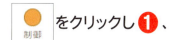 をクリックし ❶、

 をドラッグします ❷。

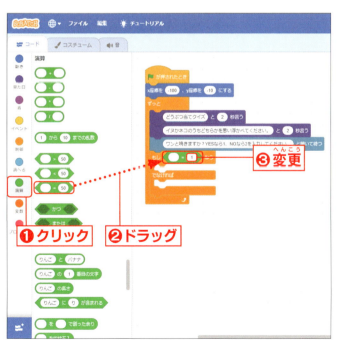

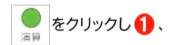 をクリックし ❶、

 を

ドラッグして ❷、

 に重ねます。

値を「1」に変更します ❸。

Memo

値は半角の数字で入力します。

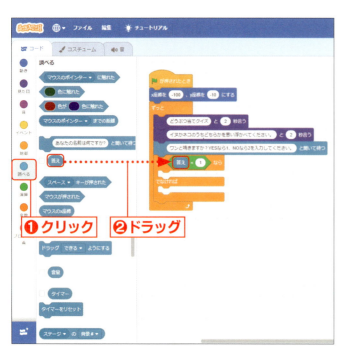

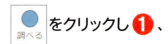をクリックし❶、

をドラッグして❷、

に重ねます。

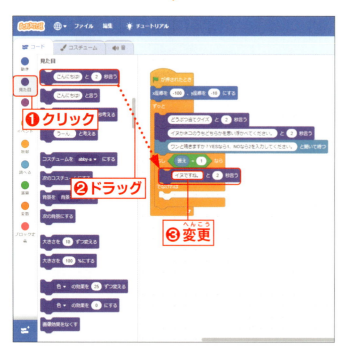

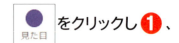をクリックし❶、

を

ドラッグします❷。
文字を「イヌですね。」に
変更します❸。

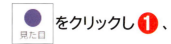 をクリックし ❶、

 を

ドラッグします ❷。
文字を「ネコですね。」に
変更します ❸。

 をクリックし ❶、

ここまでの動作を確認します。
入力部に「1」または「2」を

入力し ❷、 をクリック

します ❸。

Memo

実行すると、メッセージを表示後、文字の入力部分が表示されます。
キーボードから半角で「1」または「2」を入力し、をクリックするか Enter キーを押します。
入力が「1」ならば「イヌですね。」と表示され、「1」以外ならば「ネコですね。」とメッセージが表示されます。

Section 8-5 クイズの2問目を作ろう

ここでやること　2問目を作成します。

の上で右クリックし❶、「複製」をクリックして❷、選びます。

ブロックの塊がコピーされます。

ブロックの塊を の下にドラッグします ❶。

の文字を「ゾウかキリンのうちどちらかを思い浮かべてください。」に変更します ❶。

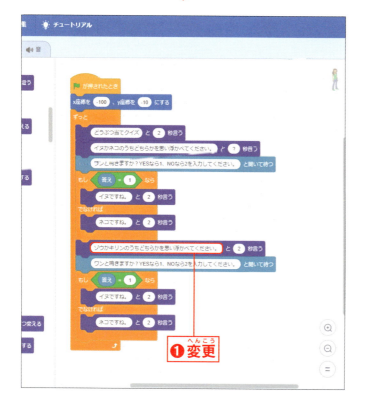

の文字を「ハナが長いですか？YESなら1、NOなら2を入力してください。」に変更します❶。

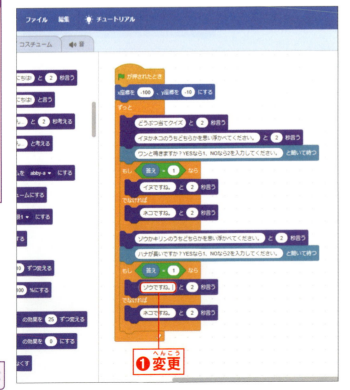

❶変更

の文字を「ゾウですね。」に変更します❶。

❶変更

 の
文字を「キリンですね。」に
変更します❶。

8-5 クイズの2問目を作ろう

 をクリックし❶、ここまでの動作を確認します。
入力部に「1」または「2」を入力し❷、

 をクリックします❸。

Memo

実行すると、1問目の次に2問目が実行されます。
キーボードから半角で「1」または「2」を入力し、 をクリックするか Enter キーを押します。
入力が「1」ならば「ゾウですね。」と表示され、それ以外ならば「キリンですね。」とメッセージが表示されます。

Chapter 8 どうぶつ当てクイズ

163

Section 8-6 キャラクターにアニメーションを付けよう

ここでやること　女の子のキャラクターにアニメーションを付けます。

コードエリアに表示するブロックの数を増やすために、をクリックし❶、ブロックの大きさを小さくします。

Memo
ブロックの大きさは をクリックして変更することができます。

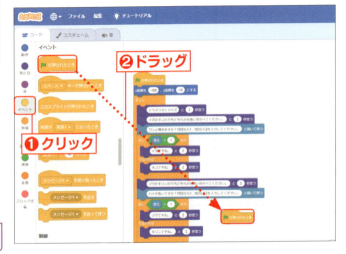

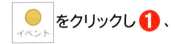 をクリックし❶、

 をドラッグして❷、コードエリアに置きます。

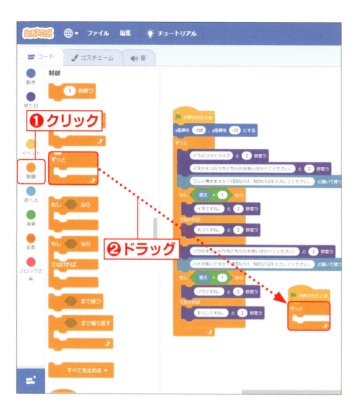

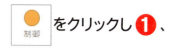 をクリックし ❶、

 をドラッグします ❷。

8-6 キャラクターにアニメーションを付けよう

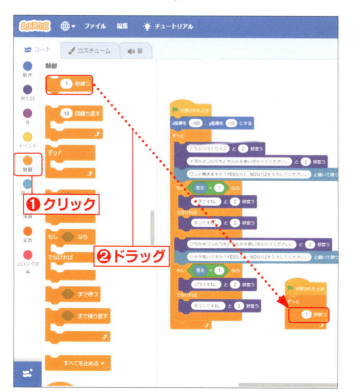

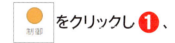 をクリックし ❶、

 を

ドラッグします ❷。

Chapter 8 どうぶつ当てクイズ

165

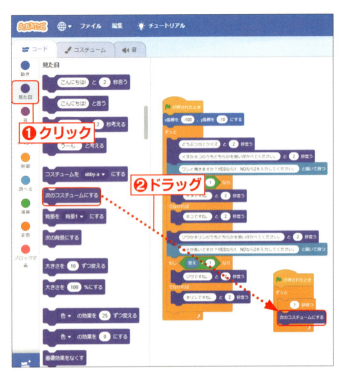

 をクリックし ❶、

 を

ドラッグします ❷。

完成しました。

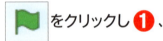 をクリックし ❶、

動作させてみましょう。
動作させ、入力部に「1」または「2」を入力し ❷、

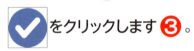 をクリックします ❸。

Memo
実行すると、1問目、2問目が実行されます。ユーザからの入力を待っている間、1秒間隔でアニメーションが進みます。

 8-6.sb3

Column 条件分岐の使い分け

分岐は使用するブロックにより処理が異なります。■と■の違いを示します。なお、条件を満たす場合を真、条件を満たさない場合を偽といいます。

● ■のときの例

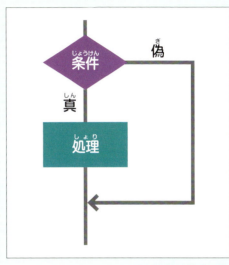

真のときのみ処理が行われます。
偽のときの処理は用意されていません。

● ■のときの例

真のときの処理と、偽のときの処理が用意されます。

行いたい処理に応じて、どちらを使用するか、考えてから使用しましょう。

Section 8-7 まとめ：入出力

この章では、入力と出力を学びました。

●入力と出力

ユーザーからの入力は、ブロックで受け付けることができます。

入力された内容はのブロックに入ります。

出力は、ブロックなどにのブロックを重ねる（）ことで行うことができます。

また、これら以外にも様々な入力と出力の組み合わせを行うことができます。

なお、この章ではを条件分岐に利用しています。

●入出力の利用

この章の例では入力で数字を扱いましたが、文字を扱うこともできます。

 →

Chapter 9

音楽会
<small>おんがくかい</small>

9-1	この章で作成する作品の概要とその動作
9-2	背景を入れよう
9-3	ネコを消してペンギンと宇宙人を追加しよう
9-4	ペンギンと宇宙人に歌わそう
9-5	まとめ：音

この章では、音について学びます。音を扱うことにより、曲の再現、作曲、効果音の挿入などを行うことができます。また、メッセージを利用することにより、キャラクター（スプライト）間で音楽の連携を行うことができます。

- 音
- 並行処理

Section 9-1 この章で作成する作品の概要とその動作

概要

「どんぐり」の演奏とキャラクター（スプライト）による歌詞の表示が行われるプログラムを作成します。「どんぐり」は、メッセージを利用することにより、複数のスプライトによる演奏と歌詞の表示を行うようにします。

プログラム

完成したプログラムは次のようになります（完成コード全体はP.183、P.187を参照してください）。

 のコード　　 のコード

ダウンロード 9.sb3

動作

完成したプログラムは次のように動作します。

Section 9-2 背景を入れよう

ここでやること　ステージに背景を入れます。

 をクリックします ❶。

「背景を選ぶ」が表示されます。

「Party」をクリックし、選びます。

9-2 背景を入れよう

Chapter 9 音楽会

Memo

スクロールバーなどを使い、画面を下にスクロールさせて「Party」を探します。

ステージに背景が入りました。

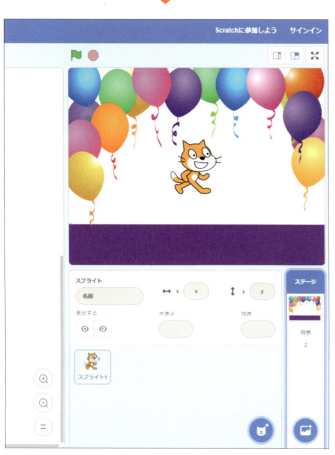

173

Section 9-3 ネコを消してペンギンと宇宙人を追加しよう

ここでやること ネコを消して、ペンギンと宇宙人を追加します。

スプライトリストの

 をクリックします ❶。

 をクリックします ❷。

ネコが消えました。

 をクリックします ❶。

「スプライトを選ぶ」が表示されます。
「Penguin 2」をクリックし❶、選びます。

Memo
スクロールバーなどを使い、画面を下にスクロールさせて「Penguin 2」を探します。

 が追加されました。

 をクリックします❶。

9-3 ネコを消してペンギンと宇宙人を追加しよう

Chapter 9 音楽会

175

「スプライトを選ぶ」が表示されます。
「Giga」をクリックし❶、選びます。

Memo
スクロールバーなどを使い、画面を下にスクロールさせて「Giga」を探します。

 が追加されました。

Memo
ステージにもペンギン（Penguin 2）と宇宙人（Giga）が表示されています。

スプライトをドラッグし❶、
ステージに並べます。

9-3 ネコを消してペンギンと宇宙人を追加しよう

Chapter 9 音楽会

スプライトがステージに
並びました。

Memo
ここでは、スプライトどうしが重ならないように並べています。

177

Section 9-4 ペンギンと宇宙人に歌わそう

ここでやること　ペンギンと宇宙人にピアノの伴奏を付けて歌わせます。

スプライトリストの 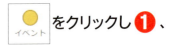 をクリックします❶。

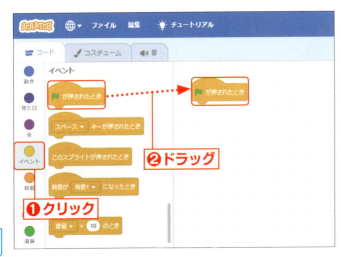

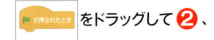 をクリックし❶、 が押されたとき をドラッグして❷、コードエリアに置きます。

9-4 ペンギンと宇宙人に歌わそう

画面左下の  を
クリックします❶。

> **Memo**
>
> ■ をクリックすると、拡張機能を選ぶ画面が表示されます。

「拡張機能を選ぶ」が表示されます。
「音楽」をクリックし❶、選びます。

音楽のブロックが
表示されます。

 を
ドラッグし ❶、
曲のテンポ（速さ）を
設定します。

Memo
ここでは、テンポを「60」にしています。

Memo
値を大きくすると曲のテンポが速くなります。

 を

ドラッグします ❶。

値を「67」、「0.5」に
変更します ❶。

Memo

「67」の音譜は「ソ」の音を表しています。

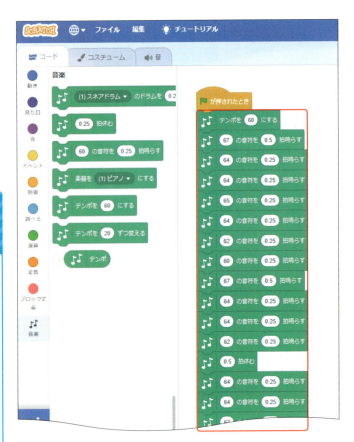

以下、同様の操作でブロックをドラッグし、値を変更し、演奏部分を作成します。

> **Memo**
>
> 音は「67, 64, 64, 65, 64, 62, 60, 67, 64, 64, 62」「0.5拍休む」「64, 64, 67, 67, 69, 69, 69, 72, 64, 64, 67」「0.5拍休む」の順です。拍数は「0.5, 0.25, 0.25, 0.25, 0.25, 0.25, 0.25, 0.5, 0.25, 0.25, 0.25」「0.5拍休む」「0.25, 0.25, 0.25, 0.25, 0.25, 0.5, 0.25, 0.5, 0.25, 0.25, 0.5」「0.5拍休む」の順です。コード全体はP.183を参照して下さい。

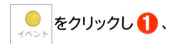 をクリックし ❶、

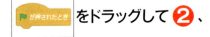 をドラッグして ❷、

コードエリアに置きます。

●ペンギンのコード全体

9-4
ペンギンと宇宙人に歌わそう

Chapter 9
音楽会

```
🏳 が押されたとき
♫♪ テンポを 60 にする
♫♪ 67 の音符を 0.5 拍鳴らす
♫♪ 64 の音符を 0.25 拍鳴らす
♫♪ 64 の音符を 0.25 拍鳴らす
♫♪ 65 の音符を 0.25 拍鳴らす
♫♪ 64 の音符を 0.25 拍鳴らす
♫♪ 62 の音符を 0.25 拍鳴らす
♫♪ 60 の音符を 0.25 拍鳴らす
♫♪ 67 の音符を 0.5 拍鳴らす
♫♪ 64 の音符を 0.25 拍鳴らす
♫♪ 64 の音符を 0.25 拍鳴らす
♫♪ 62 の音符を 0.25 拍鳴らす
♫♪ 0.5 拍休む
♫♪ 64 の音符を 0.25 拍鳴らす
♫♪ 64 の音符を 0.25 拍鳴らす
♫♪ 67 の音符を 0.25 拍鳴らす
♫♪ 67 の音符を 0.25 拍鳴らす
♫♪ 69 の音符を 0.25 拍鳴らす
♫♪ 69 の音符を 0.5 拍鳴らす
♫♪ 69 の音符を 0.25 拍鳴らす
♫♪ 72 の音符を 0.5 拍鳴らす
♫♪ 64 の音符を 0.25 拍鳴らす
♫♪ 64 の音符を 0.25 拍鳴らす
♫♪ 67 の音符を 0.5 拍鳴らす
♫♪ 0.5 拍休む
メッセージ1 ▼ を送る
```

```
🏳 が押されたとき
どんぐりころころどんぶりこ。おいけにはまってさあたいへん。 と 7 秒言う
```

183

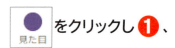 をクリックし❶、

 を

ドラッグします❷。

「歌詞」と「秒数」を
入力(変更)し❶、
ペンギンに歌を歌わせます。

Memo

「どんぐりころころどんぶりこ。おいけにはまってさあたいへん」と7秒間で歌わせます。この部分はピアノの演奏よりも少し短い秒数に設定します。

 をクリックし❶、

メッセージ1▼ を送る をドラッグし❷、
[メッセージ1] を送信します。

スプライトリストの を

クリックします❶。

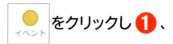 をクリックし ❶、

メッセージ1 ▼ を受け取ったとき を

ドラッグし ❷、ペンギンからの
[メッセージ1]を受信します。

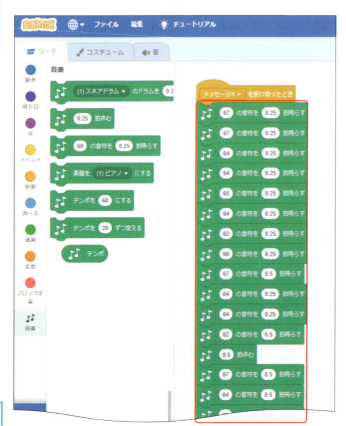

ペンギンのときと同様の操作で
演奏部分を作成します。

Memo

音は「67, 67, 64, 64, 65, 64, 62, 60, 67, 64, 64, 62」「0.5拍休む」「67, 64, 69, 67, 67, 69, 69, 71, 71, 72」の順です。拍数は「0.25, 0.25, 0.25, 0.25, 0.25, 0.25, 0.25, 0.25, 0.5, 0.25, 0.25, 0.5」「0.5拍休む」「0.5, 0.5, 0.5, 0.25, 0.25, 0.25, 0.25, 0.25, 0.25, 0.5」の順です。コード全体はP.187を参照して下さい。

●宇宙人のコード全体

ペンギンからの[メッセージ1]を受信します。

ペンギンのときと同様の操作で、宇宙人に歌を歌わせます。

Memo

「どじょうがでてきてこんにちは。ぼっちゃんいっしょにあそびましょう。」と7秒間で歌わせます。この部分はピアノの演奏よりも少し短い秒数に設定します。

完成しました。

をクリックし❶、動作させてみましょう。

❶クリック

9-4

ペンギンと宇宙人に歌わそう

Chapter 9 音楽会

DL ここまでをダウンロード　9-4.sb3

 並行処理

この章の例では、並行処理を行っています。をクリックしてプログラムの動作が開始すると、ペンギンの演奏と歌詞のコードが同時に開始します。次に、ペンギンの演奏が終了すると、宇宙人へメッセージが送信され、宇宙人の演奏と歌詞のコードが同時に開始されます。

189

Section 9-5 まとめ：音

この章では音について学びました。スクラッチでドレミファソラシドを表現するときは、音のブロックに音の番号を入力します。音のブロックの番号入力の部分をクリックすると、鍵盤が表示されます。鍵盤をクリックしても、音の番号を入力することができます。鍵盤をクリックすると音の番号が自動的に入力されます。

また、音符、休符と拍数の関係は次のようになります。

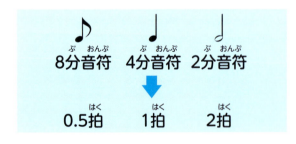

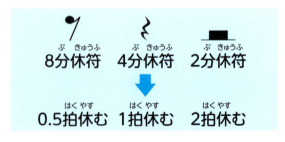

Chapter 10

シューティングゲーム

10-1	この章で作成する作品の概要とその動作
10-2	背景を入れよう
10-3	ネコを消してキャラクターを追加しよう
10-4	ヒトデを動かそう
10-5	イナズマを発射しよう
10-6	コウモリを動かそう
10-7	イナズマがコウモリに当たったら得点する
10-8	まとめ：変数

この章では、キーボード操作と変数について学びます。キー入力を行うことにより、キャラクター（スプライト）に動作を開始させることができます。また、変数を使うことにより、ゲームの得点などを表示させることができることを学びます。

できること
わかること

- 変数
- キーボード操作

Section 10-1 この章で作成する作品の概要とその動作

概要

ヒトデがイナズマを投げてコウモリに当てるシューティングゲームのプログラムを作成します。イナズマの発射にはキーボードを使用します。また、イナズマがコウモリに当たると得点が入るようにします。

プログラム

完成したプログラムは次のようになります。

 のコード　　 のコード　　 のコード

DL ダウンロード　10.sb3

動作

完成したプログラムは次のように動作します。

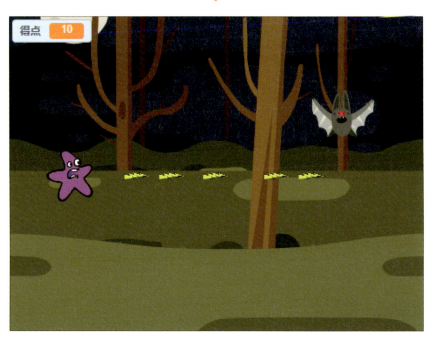

10-1 この章で作成する作品の概要とその動作

Chapter 10 シューティングゲーム

Section 10-2 背景を入れよう

| ここで やること | ステージに背景を入れます。P.14を参考にし、あらかじめスクラッチのWebサイトにアクセスしておきます。 |

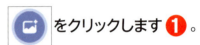 をクリックします ❶ 。

「背景を選ぶ」が表示されます。

「Woods」をクリックし ❶、選びます。

Memo

スクロールバーなどを使い、画面を下にスクロールさせて「Woods」を探します。

ステージに背景が入りました。

10-2 背景を入れよう

Chapter 10 シューティングゲーム

Section 10-3 ネコを消してキャラクターを追加しよう

ここでやること　ネコを消して、キャラクター（ヒトデ・イナズマ・コウモリ）を追加します。

スプライトリストのを
クリックします❶。

をクリックします❷。

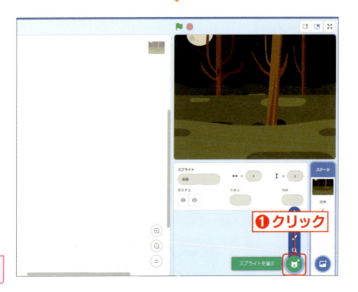

ネコが消えました。

をクリックします❶。

「スプライトを選ぶ」が表示されます。
「Starfish」をクリックし❶、選びます。

Memo
スクロールバーなどを使い、画面を下にスクロールさせて「Starfish」を探します。

 が追加されました。

 をクリックします❶。

「スプライトを選ぶ」が表示されます。
「Lightning」をクリックし❶、選びます。

> **Memo**
> スクロールバーなどを使い、画面を下にスクロールさせて「Lightning」を探します。

 が追加されました。

 をクリックします❶。

「スプライトを選ぶ」が表示されます。

「Bat」をクリックし❶、選びます。

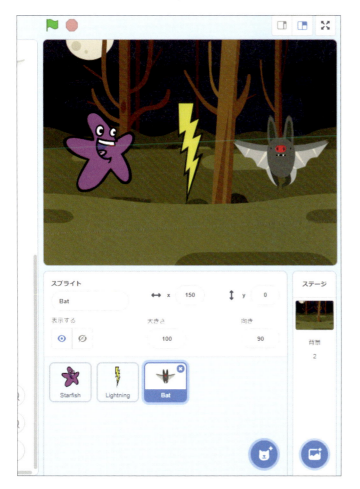

 が追加されました。

Memo

ステージにもヒトデ（Starfish）とイナズマ（Lightning）とコウモリ（Bat）が表示されています。

10-3.sb3

10-3 ネコを消してキャラクターを追加しよう

Chapter 10 シューティングゲーム

Section 10-4 ヒトデを動かそう

ここでやること　ヒトデを動かします。

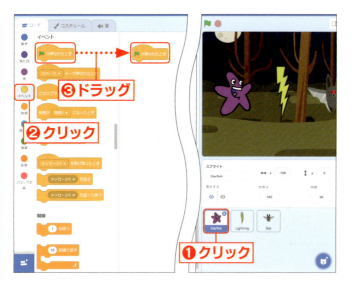

スプライトリストの を
クリックします❶。

 をクリックし❷、

 を
ドラッグして❸、
コードエリアの置きます。

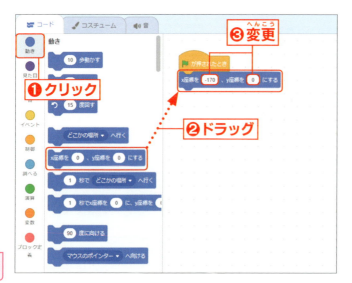

 をクリックし❶、

 を
ドラッグします❷。
それぞれの値を「-170」、
「0」に変更します❸。

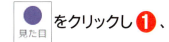をクリックし❶、

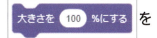を
ドラッグします❷。
値を「50」に変更します❸。

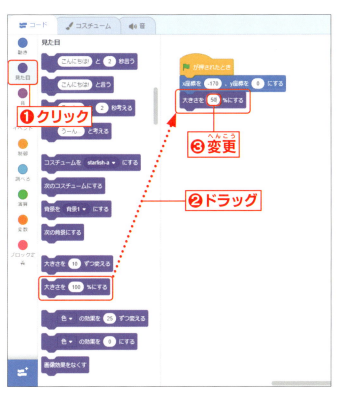

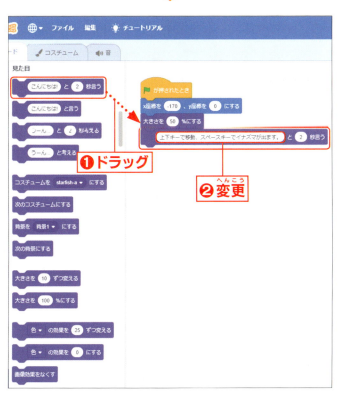

をドラッグします❶。
文字を「上下キーで移動、スペースキーでイナズマが出ます。」に変更し❷、
ゲームの開始時に、キー操作の説明を表示するようにします。

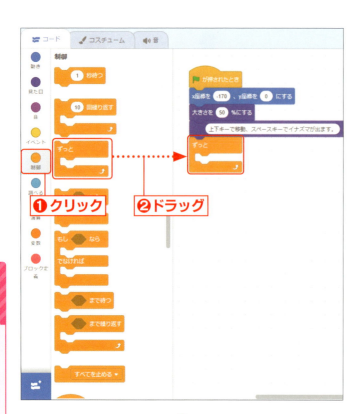

 をクリックし❶、

 をドラッグします❷。

Memo
キー操作を監視するための繰り返しです。

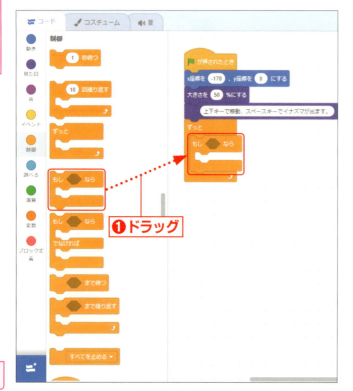

もし なら を ずっと の中にドラッグします❶。

Memo
キー操作の条件分岐です。

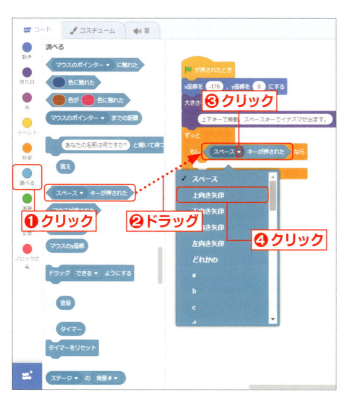

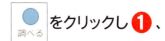 をクリックし ❶、

をドラッグして ❷、

 に重ねます。

▼をクリックします ❸。
「上向き矢印」をクリックし ❹、選びます。

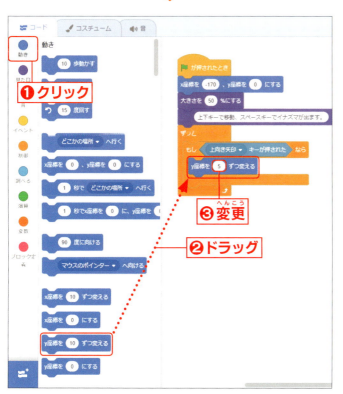

 をクリックし ❶、

 を

ドラッグします ❷。
値を「5」に変更します ❸。

Memo
上向き矢印キーを押すと、Y座標がプラスの方向（上方向）へ移動します。

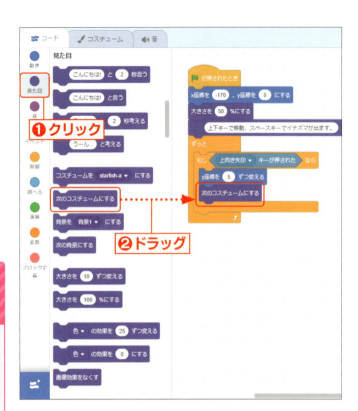

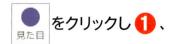 をクリックし ❶、

 を

ドラッグします ❷。

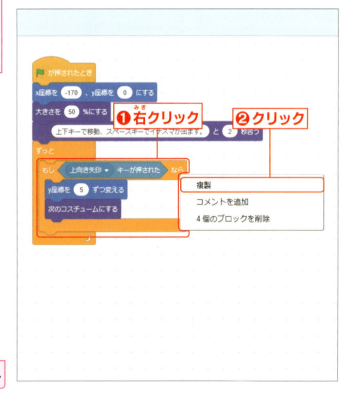

 の上で

右クリックし ❶、
「複製」をクリックして ❷、
選びます。

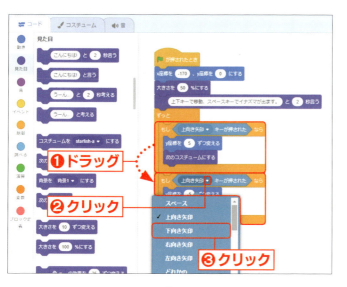

複製したブロックの塊を
ドラッグし❶、移動します。
▼をクリックします❷。
「下向き矢印」を
クリックし❸、選びます。

10-4 ヒトデを動かそう

値を「-5」に変更します❶。

Memo
下向き矢印キーを押すと、Y座標がマイナスの方向（下方向）へ移動します。

をクリックし❷、
ここまでの動作を確認します。

Memo
上向き矢印キーや下向き矢印キーを押し、ヒトデが上下の方向へ動くことを確認しましょう。

Chapter 10 シューティングゲーム

 ここまでをダウンロード　10-4.sb3

205

Section 10-5 イナズマを発射しよう

ここでやること　スペースキーを押したらヒトデからイナズマを発射します。

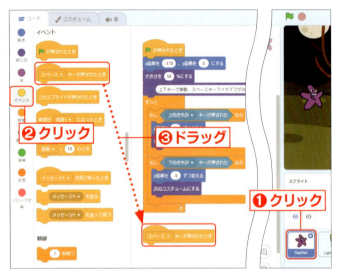

 スプライトリストの を

クリックします ❶。

 をクリックし ❷、

 を

ドラッグします ❸。

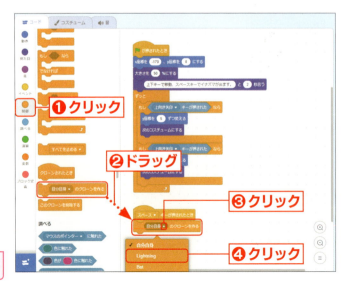

 をクリックし ❶、

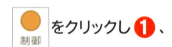 を

ドラッグします ❷。
▼をクリックします ❸。
「Lightning」をクリックし ❹、選びます。

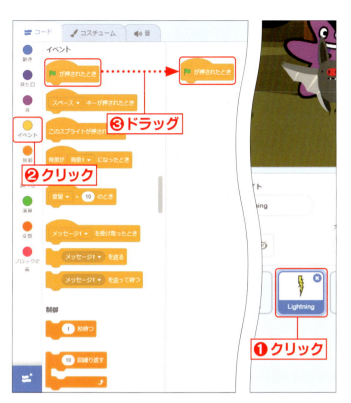

スプライトリストの を

クリックします ❶。

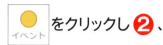 をクリックし ❷、

 を

ドラッグして ❸、
コードエリアに置きます。

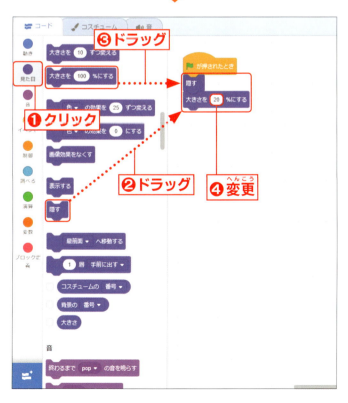

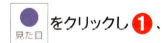 をクリックし ❶、

 をドラッグします ❷。

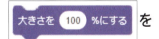 を

ドラッグし ❸、
値を「20」に変更します ❹。

Memo

ゲームの開始時にイナズマは表示されないようにします。イナズマはスペースキーを押すと、表示されます。

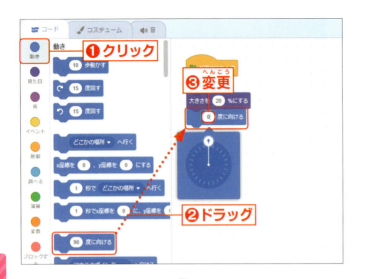

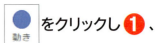 をクリックし ❶、

 を

ドラッグします ❷。
値を「0」に変更します ❸。

Memo

イナズマの向きはとがった方が右になるようにします。

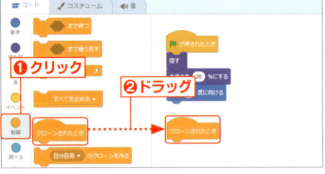

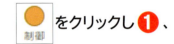 をクリックし ❶、

 を

ドラッグします ❷。

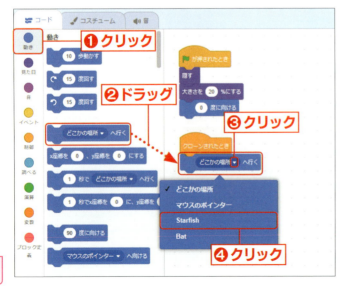

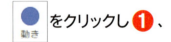 をクリックし ❶、

 を

ドラッグします ❷。
▼をクリックします ❸。
「Starfish」をクリックし ❹、選びます。

10-5 イナズマを発射しよう

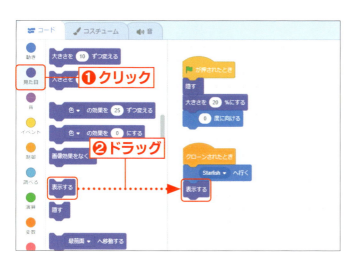

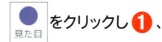 をクリックし ❶、

 をドラッグします ❷。

↓

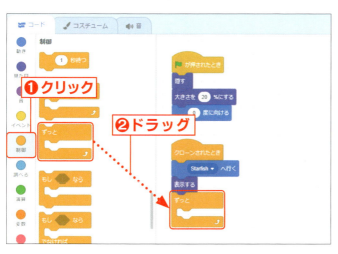

 をクリックし ❶、

 をドラッグします ❷。

↓

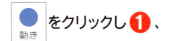 をクリックし ❶、

 をドラッグします ❷。

Chapter 10 シューティングゲーム

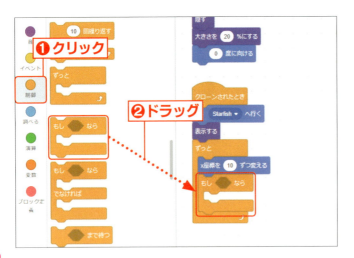

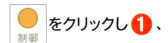 をクリックし ❶、

 をドラッグします ❷。

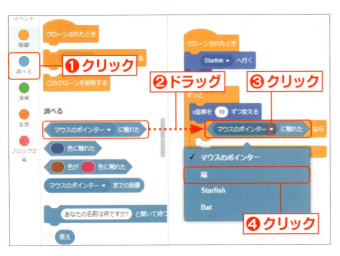

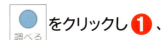 をクリックし ❶、

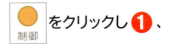

をドラッグします ❷。
▼をクリックします ❸。
「端(はし)」をクリックし ❹、
選(えら)びます。

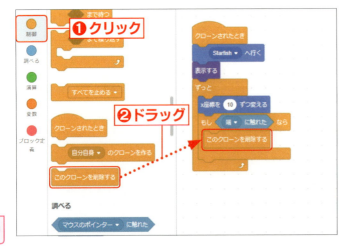

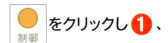 をクリックし ❶、

このクローンを削除する を

ドラッグして ❷、
イナズマが画面(がめん)の端(はし)に触(ふ)れたら
消(き)えるようにします。

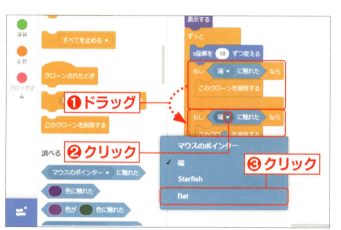

 の上で
右クリックし❶、
「複製」をクリックして❷、
選びます。

複製したブロックの塊を
ドラッグし❶、移動します。
▼をクリックします❷。
「Bat」をクリックし❸、
選びます。
イナズマがコウモリに触れたら
消えるようにします。

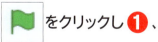 をクリックし❶、
ここまでの動作を確認します。

Memo
スペースキーを押して、ヒトデ
の位置からイナズマが発射され
るか確認してください。

Section 10-6 コウモリを動かそう

ここでやること　コウモリを動かします。

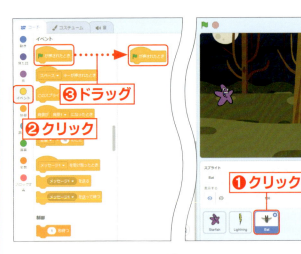

スプライトリストの をクリックします❶。

 をクリックし❷、

 をドラッグして❸、コードエリアに置きます。

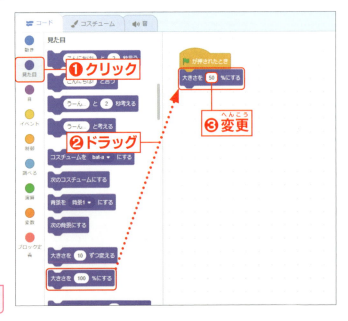

 をクリックし❶、

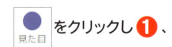 をドラッグします❷。

値を「50」に変更します❸。

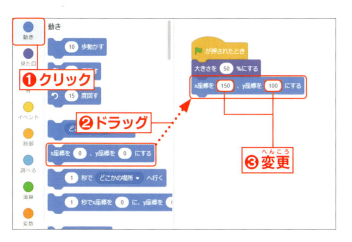

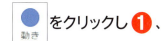 をクリックし ❶、

 を

ドラッグします ❷。
それぞれの値を「150」、「100」
に変更します ❸。

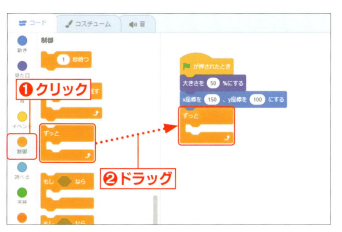

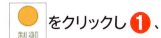 をクリックし ❶、

 をドラッグします ❷。

Memo
コウモリに動きを付けます。

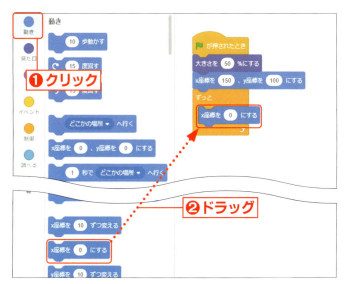

 をクリックし ❶、

 を

ドラッグします ❷。

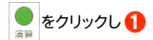 をクリックし ❶

 を

ドラッグして ❷、

 に重ねます。

それぞれの値を「130」、「170」に変更します ❸。

Memo
コウモリに横方向の動きが付きます。

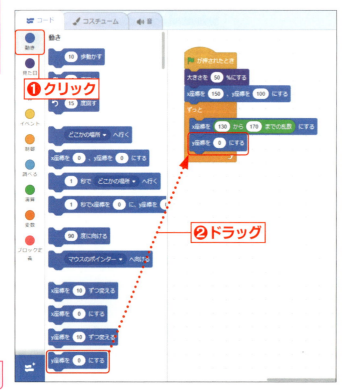

 をクリックし ❶、

 を

ドラッグします ❷。

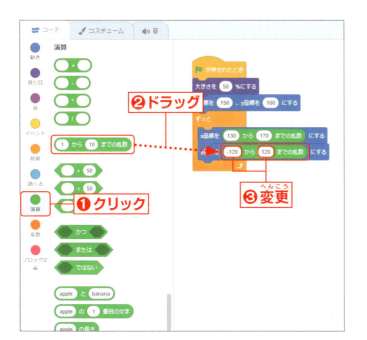

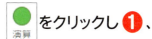 をクリックし ❶、

 を

ドラッグして ❷、

 に重ねます。

それぞれの値を「-120」、「120」に変更します ❸。

Memo ▶
コウモリに縦方向の動きが付きます。

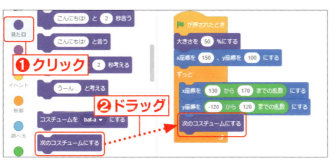

 をクリックし ❶、

 を

ドラッグします ❷。

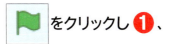 をクリックし ❶、

ここまでの動作を確認します。

Memo ▶
コウモリがランダムにはためいて移動する様子を確認してください。

10-6.sb3

Section 10-7 イナズマがコウモリに当たったら得点する

ここでやること イナズマがコウモリに当たったら得点します。

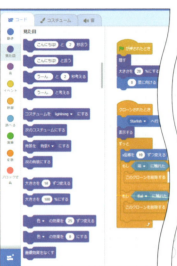

スプライトリストの 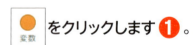 をクリックします❶。

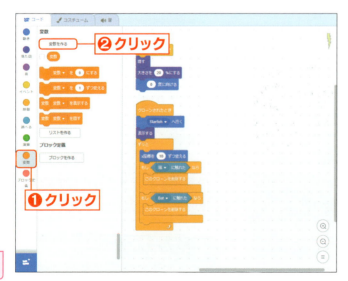

 をクリックします❶。

「変数を作る」をクリックします❷。

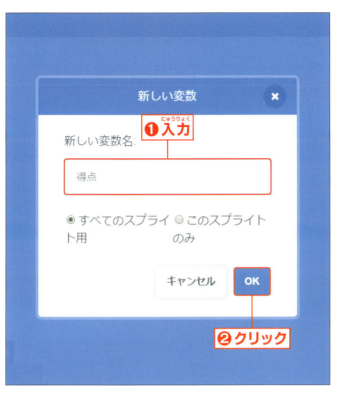

変数の名前に
「得点」と入力します❶。
[OK]を
クリックします❷。

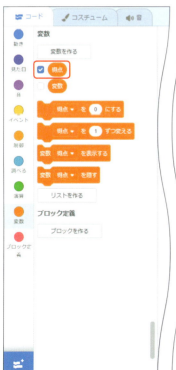

「得点」という名前の
変数が作られました。
ステージにも「得点」と値が
表示されました。

をドラッグします❶。

Memo
変数を使う前には、値の初期値を設定します。このことを初期化と呼びます。ここでは、得点の初期値を「0」にしています。

をドラッグします❶。

Memo
イナズマがコウモリに当たったときの処理の内側に、このブロックを入れます。

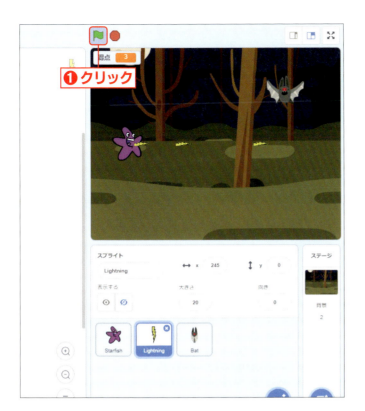

完成しました。

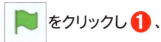 をクリックし❶、動作させてみましょう。

> **Memo**
> イナズマがコウモリに当たったら得点が増えていくことを確かめましょう。

> **Memo**
> 注意：スペースキーを押しても、イナズマが発射されないときは、キーボードが「日本語モード」になっていないか、確認してください。

10-7 イナズマがコウモリに当たったら得点する

Chapter 10 シューティングゲーム

DL ここまでをダウンロード 10-7.sb3

219

Section 10-8 まとめ：変数

この章では、変数について学びました。
変数とは、数値や文字が入れられる箱のようなものです。変数名で演算が行えます。

変数への値の代入のイメージ

スクラッチのブロック

変数の利用

変数C ＝ 変数A ＋ 変数B

スクラッチのブロック

変数の表示

変数Cには123＋456の結果579が入っています。

Chapter 11

景色の場所当てクイズ

11-1	この章で作成する作品の概要とその動作
11-2	背景に地図の画像を入れよう
11-3	ネコを消して景色の写真を読み込もう
11-4	景色の写真をランダムに表示させよう
11-5	番号のイラストを読み込もう
11-6	地図上の景色の位置に番号を付けよう
11-7	景色の写真の場所当てを作ろう
11-8	まとめ：素材の利用と画像

この章では、写真やイラストなどの画像素材の扱いについて学びます。写真やイラストなどの画像を背景やキャラクター（スプライト）にすることができます。なお、画像はステージのサイズ内に収まるようにして利用します。

できること わかること
- 素材の利用
- 画像

Section 11-1 この章で作成する作品の概要とその動作

概要

ステージに表示された景色写真の地図上の場所を当てるクイズを作成します。ここでは、横浜山手付近の場所当てクイズを作成します。景色写真はスプライトの複数のコスチュームとして読み込み、乱数によりランダムに選択して表示させます。地図上の場所を示す番号はスプライトとしてそれぞれ読み込み、地図上に配置します。

プログラム

完成したプログラムは次のようになります。

 のコード　　　　　 のコード

DL ダウンロード　11.sb3

動作

完成したプログラムは次のように動作します。

11-1 この章で作成する作品の概要とその動作

Chapter 11 景色の場所当てクイズ

Section 11-2 背景に地図の画像を入れよう

ここでやること　背景として地図の画像を読み込みます。

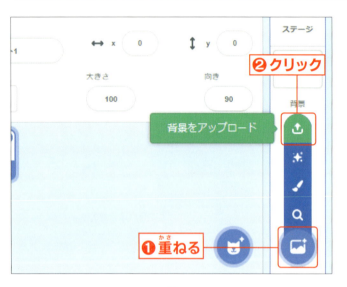

 にマウスを重ねます ❶。

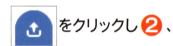 をクリックし ❷、選びます。

Memo
景色の画像、矢印の画像は本書のサポートサイトからダウンロードできます。P.10を参照してください。

ファイルが表示されます。

Memo
ここでは「ドキュメント」フォルダーを開いています。画像などの素材ファイルが、スクラッチファイル（○○.sb3）と一緒に「ドキュメント」フォルダーにある場合を示しています。

背景にしたい画像をクリックし❶、選びます。
[開く]ボタンをクリックします❷。

11-2 背景に地図の画像を入れよう

Memo
ここでは、「地図.jpg」を選んでいます。「地図.jpg」の画像サイズは480pixel×360pixelです。

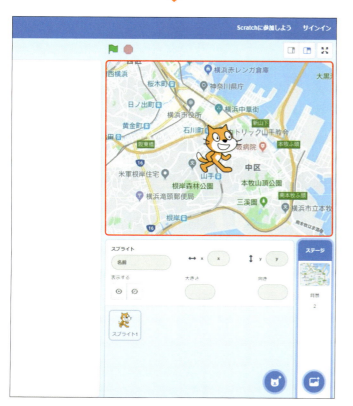

ステージに背景が入りました。

Chapter 11 景色の場所当てクイズ

DL ここまでをダウンロード　11-2.sb3

225

Section 11-3 ネコを消して景色の写真を読み込もう

ここでやること ネコを消して、景色の写真1枚をキャラクター（スプライト）として読み込みます。他の景色の写真は、コスチュームとして読み込みます。

スプライトリストの を
クリックします ❶。

 をクリックします ❷。

ネコが消えました。

 にマウスを
重ねます ❶。

 をクリックし ❷、
選びます。

ファイルが表示されます。

「ドキュメント」フォルダーが表示されていない場合は、ここをクリックします。

Memo

ここでは「ドキュメント」フォルダーを開いています。画像などの素材ファイルが、スクラッチファイル（○○.sb3）と一緒に「ドキュメント」フォルダーにある場合を示しています。

写真をクリックして選びます。

Memo

ここでは「景色1.jpg」を選んでいます。

[開く]をクリックします❶。

 が追加されました。

Memo
ステージにも「景色1」が表示されています。

[コスチューム]を
クリックします❶。

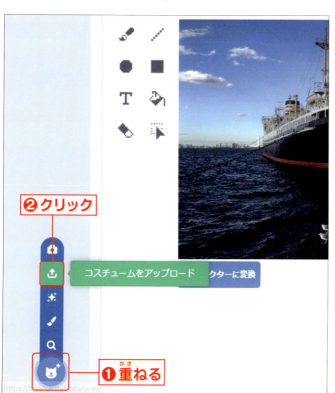

 にマウスを

重（かさ）ねます❶。

 をクリックし❷、

選（えら）びます。

ファイルが表示されます。

> **Memo**
> ここでは「ドキュメント」フォルダーを開いています。画像などの素材ファイルが、スクラッチファイル（〇〇.sb3）と一緒に「ドキュメント」フォルダーにある場合を示しています。

写真をクリックし❶、選びます。

> **Memo**
> ここでは「景色2.jpg」を選んでいます。

[開く]をクリックします❶。

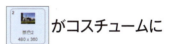 がコスチュームに追加されました。

11-3 ネコを消して景色の写真を読み込もう

Chapter 11 景色の場所当てクイズ

Memo
「景色2」はコスチュームとして追加されます。

231

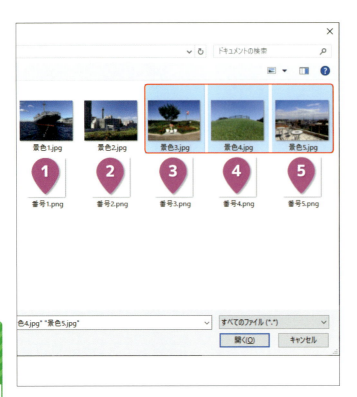

同様の手順で[景色3]から
[景色5]をコスチュームに
追加します。

コスチュームに
追加されました。

Column　ステージと画像のサイズ

スクラッチのステージも、画像もサイズはピクセル（pixel）で表します。スクラッチではステージのサイズが480pixel×360pixelですので、このサイズに収まるように背景やキャラクター（スプライト）を設定します。

背景画像のサイズ
（480pixel×360pixel）

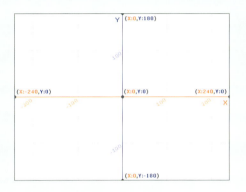

スクラッチのステージのサイズ
（480pixel×360pixel）

Column　地図の画像の取得

地図の画像は、次のサイトから取得することができます。

Google マップ
https://www.google.co.jp/maps/

Yahoo 地図
https://map.yahoo.co.jp/

Section 11-4 景色の写真をランダムに表示させよう

ここでやること 景色の写真をランダムに表示させます。

[コード]をクリックします❶。

Memo
ステージに表示されている写真（コスチューム）は、何番目の写真（コスチューム）でもかまいません。

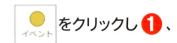 をクリックし❶、

 を

ドラッグして❷、
コードエリアに置きます。

11-4 景色の写真をランダムに表示させよう

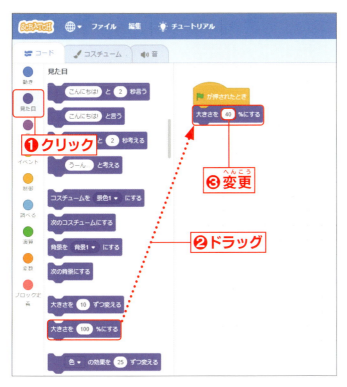

 をクリックし❶、

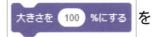 をドラッグします❷。
値を「40」に変更し❸、写真の大きさを小さくします。

> **Memo**
> ここで使用している景色の画像の元の画像のサイズは、1008pixel×756pixelです。

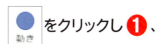 をクリックし❶、

 をドラッグします❷。
それぞれの値を「-140」、「50」に変更し❸、写真の表示位置をステージの左上付近にします。

Chapter 11 景色の場所当てクイズ

をクリックし❶、

をドラッグします❷。

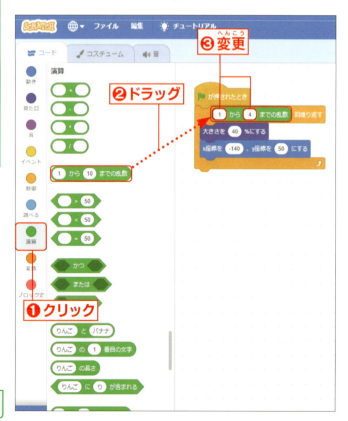

をクリックし❶、

をドラッグして❷、

に重ねます。

それぞれの値を「1」、「4」に変更します❸。

Memo

同じ写真を続けて表示させないようにするため、乱数の上限値は写真の枚数（コスチュームの数）より1つ少なくします。

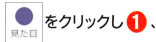 をクリックし❶、

 を
ドラッグして❷、
画像がランダムに選ばれて
表示されるようにします。

11-4 景色の写真をランダムに表示させよう

Memo
写真のコスチュームを切り替えることによりランダムに表示させます。

 をクリックし❶、
ここまでの動作を確認します。

Chapter 11 景色の場所当てクイズ

 11-4.sb3

Section 11-5 番号のイラストを読み込もう

ここで やること	位置を示す番号のイラストをキャラクター（スプライト）として読み込みます。

 にマウスを重ねます ❶。

 をクリックし ❷、

選びます。

⬇

ファイルが表示されます。

Memo

ここでは「ドキュメント」フォルダーを開いています。画像などの素材ファイルが、スクラッチファイル（○○.sb3）と一緒に「ドキュメント」フォルダーにある場合を示しています。

番号のイラストを
クリックし❶、選びます。
[開く]をクリックします❷。

11-5 番号のイラストを読み込もう

Memo
ここでは「番号1.png」を選んでいます。

↓

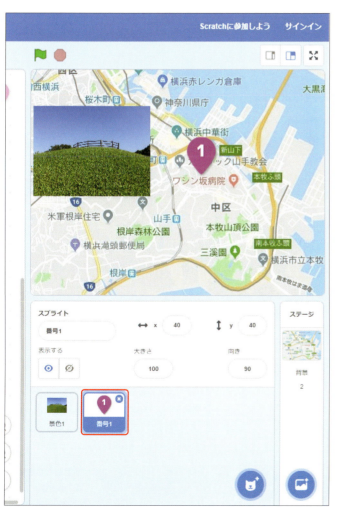

スプライトリストに が追加されました。

Chapter 11 景色の場所当てクイズ

Memo
ステージにも「番号1」が表示されています。

239

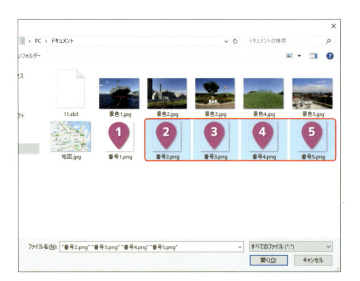

同様の手順で[番号2]から
[番号5]を追加します。

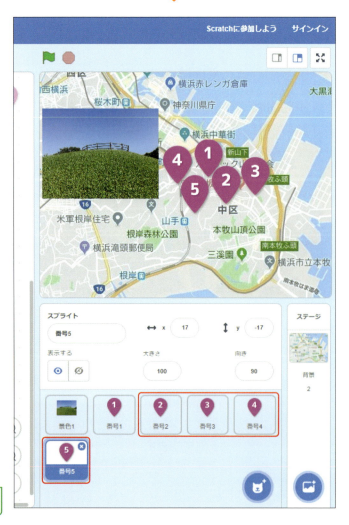

スプライトリストに が追加されました。

Memo
ステージにも「番号2」から「番号5」が表示されています。

Column　Windowsのペイント

ペイントは、画像のサイズの変更、画像の切り取り、文字の挿入などができます。

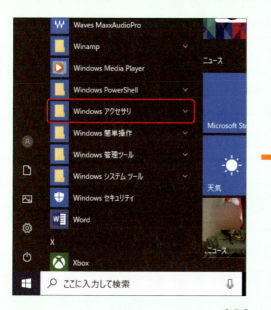 

スタートボタンからのペイントの起動

ペイントに画像を読み込んだ画面

Section 11-6 地図上の景色の位置に番号を付けよう

ここでやること　地図上の景色の位置に番号のイラストを置きます。番号は景色の写真の番号（コスチュームの番号）と対応させるようにします。

スプライトリストの を
クリックします❶。

 をクリックし❷、

 を
ドラッグして❸、
コードエリアに置きます。

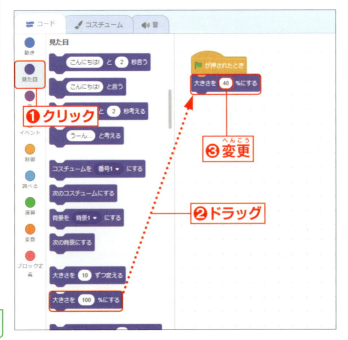

 をクリックし❶、

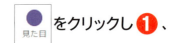 を
ドラッグします❷。
値を「40」に変更し❸、
矢印の大きさを小さくします。

Memo
ここで使用している矢印の画像の元のサイズは、65pixel×65pixelです。

Chapter 11　景色の場所当てクイズ

同様の手順で[番号2]から[番号5]のコードも作成します。

11-6 地図上の景色の位置に番号を付けよう

> **Memo**
> コードのコピー機能(P.70参照)を利用することもできます。

 をクリックし❶、動作させます。

> **Memo**
> 動作させることにより、番号のイラストが小さく表示されるようになります。

Chapter 11 景色の場所当てクイズ

243

スプライトリストの
[写真](景色)を
クリックします。

[コスチューム]タブを
クリックします❶。
写真の番号(コスチュームの
番号)と、番号のイラストの
対応を確認します❷。

 をドラッグし❶、地図上の正しい位置に移動します。

11-6 地図上の景色の位置に番号を付けよう

同様の手順で  から も ドラッグし❶、地図上の正しい位置に移動します。

Chapter 11 景色の場所当てクイズ

245

Section 11-7 景色の写真の場所当てを作ろう

ここでやること　景色の写真の場所当てを作成します。

スプライトリストの をクリックします ❶。
[コード] をクリックします ❷。

Memo
スプライトリストとステージに表示されている写真はいずれの写真でもかまいません。

 をクリックし ❶、

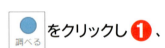

をドラッグし ❷、回答の入力部分を作成します。
文字を「地図の何番の場所でしょう。」に変更します ❸。

Chapter 11　景色の場所当てクイズ

246

 をクリックし❶、

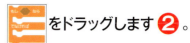 をドラッグします❷。

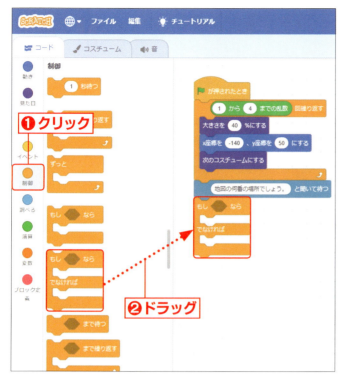

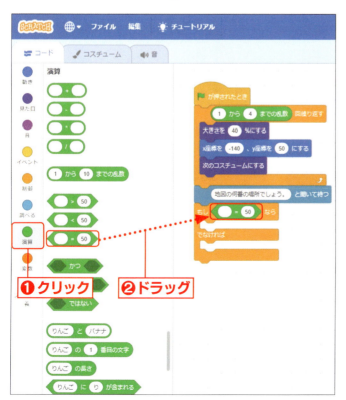

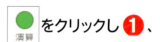 をクリックし❶、

 をドラッグして❷、

 に重ねます。

 をクリックし❶、

 をドラッグして❷、

 に重ねます。

 をクリックし❸、

 を

ドラッグして❹、

 に重ねます。

Memo

回答入力部分に入力した地図上の番号（数字）と景色の番号（コスチュームの番号）が同じかを判定します。

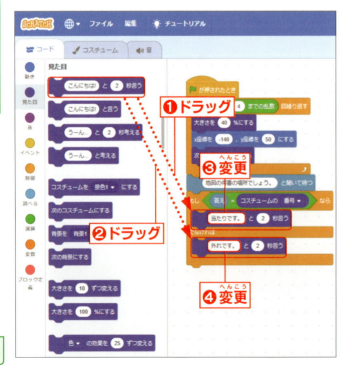

 を

2回ドラッグします❶❷。
それぞれの文字を
「当たりです。」、「外れです。」
に変更します❸❹。

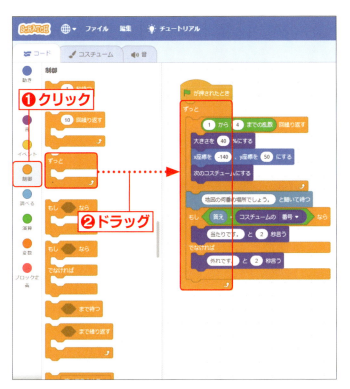

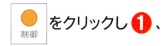 をクリックし❶、

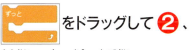 をドラッグして❷、問題が繰り返し出題されるようにします。

11-7 景色の写真の場所当てを作ろう

完成しました。

 をクリックし❶、動作させてみましょう。

Chapter 11 景色の場所当てクイズ

Memo

実行すると回答入力欄が表示されます。キーボードから半角で番号（数字）を入力し、✓をクリックするか Enter キーを押して回答します。

ここまでをダウンロード　11-7.sb3

249

Section 11-8 まとめ：素材の利用と画像

この章では、写真やイラストなどの画像素材の扱いについて学びました。スクラッチでは、jpg形式とpng形式の画像を扱うことができます。

景色の場所当てクイズでは、表示される景色コスチュームの数を増やしたり、減らしたりすることにより表示される景色の数を調節できます。景色の数（コスチュームの数）と地図上の番号の数（スプライトの数）は同一にする必要があります。

山下公園の氷川丸（景色1.jpg）

アメリカ山からの眺望（景色2.jpg）

港の見える丘公園（景色3.jpg）

本牧山頂公園の見晴台（景色4.jpg）

横浜山手付近の地図（地図.jpg）

番号（番号1.png～番号5.png）

山手レストランドルフィンからの眺望（景色5.jpg）

［写真］：著者 松下孝太郎博士 撮影

Chapter 12

走るマイカー

12-1	この章で作成する作品の概要とその動作
12-2	車のキャラクターを作成しよう
12-3	キャラクターを保存しよう
12-4	背景を入れよう
12-5	ネコを消して車のキャラクターを読み込もう
12-6	車の大きさと位置を決めて走らせよう
12-7	車に2つの車線を走らせよう
12-8	まとめ：スプライトの作成

この章では、キャラクター（スプライト）の作成、スプライトの保存と読み込みについて学びます。スプライトはコスチュームエディタを使って作成します。また、自分で作成したキャラクター（スプライト）を読み込んで動かしてみます。

できること
わかること
- スプライトの作成
- スプライトの保存と読み込み

Section 12-1 この章で作成する作品の概要とその動作

概要

コスチュームエディタを使って、車のキャラクター（スプライト）を作成します。作成した車のスプライトは一旦保存します。保存した車のスプライトを読み込み、道路を走らせるプログラムを作成します。

プログラム

完成したプログラムは次のようになります。

 のコード

動作

完成したプログラムは次のように動作します。

 →

 →

 →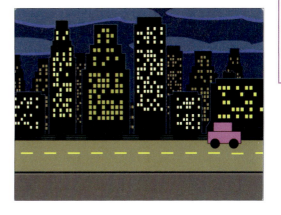

Section 12-2 車のキャラクターを作成しよう

ここでやること　コスチュームエディタで車のキャラクター（スプライト）を作成します。

 にマウスを重ねます❶。

 をクリックします❷。

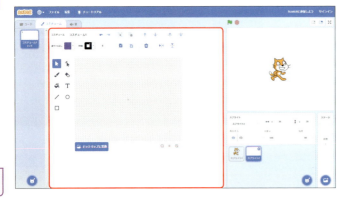

コスチュームエディタが表示されます。

 をクリックし❶、
長方形を描く準備をします。

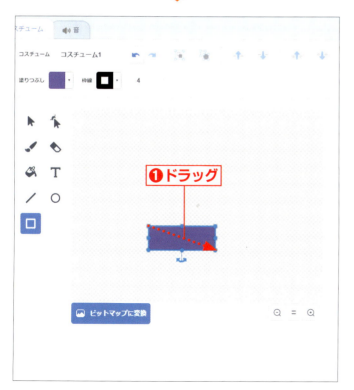

ドラッグし❶、
長方形を描きます。

Memo

図形を描いた直後に、図形をドラッグして位置を動かすことができます。

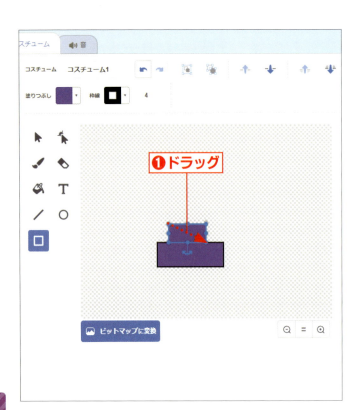

ドラッグし❶、
もう1つ長方形を描きます。

Memo
続けて同じ種類の図形を描くときは、図形の種類を選ばなくてもかまいません。

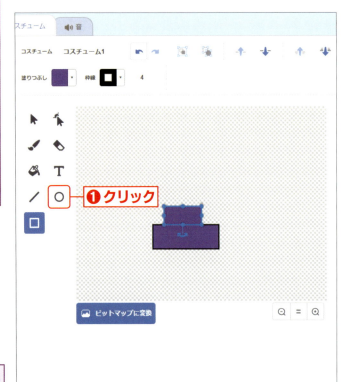

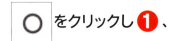 をクリックし❶、
円を描く準備をします。

ドラッグし 、
円を描きます。

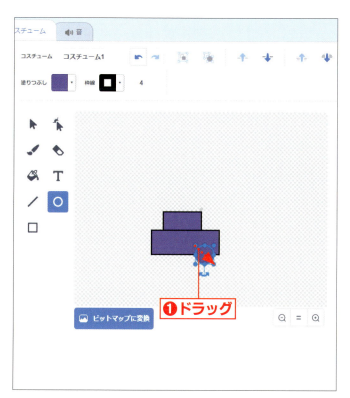

> **Memo**
> 図形を描いた直後に、図形をドラッグして位置を動かすことができます。

ドラッグし❶、
もう1つ円を描きます。

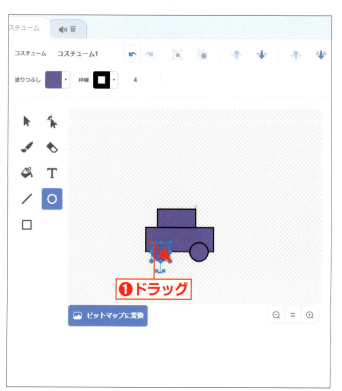

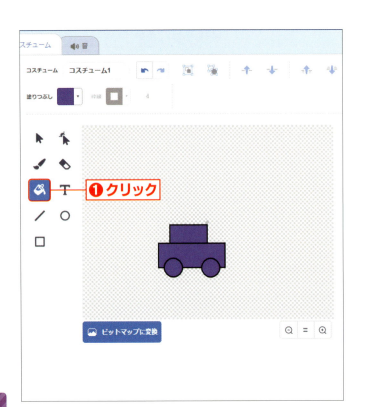

 をクリックし❶、
図形の塗りつぶしを行う準備をします。

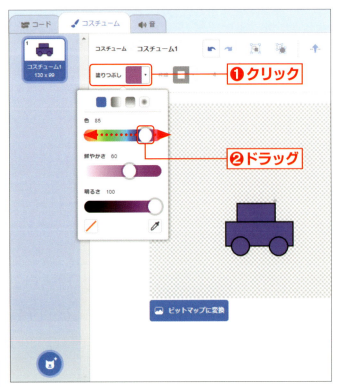

 をクリックします❶。

 をドラッグし❷、色を「85」にします。

Memo
色は、自由に決めてかまいません。

上の長方形をクリックし❶、塗りつぶします。

下の長方形をクリックし❶、塗りつぶします。

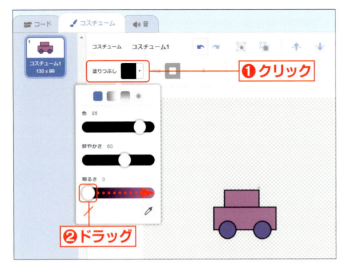

を
クリックします❶。

をドラッグし❷、
明るさを「0」にします。

> **Memo**
> 明るさは、自由に決めてかまいません。

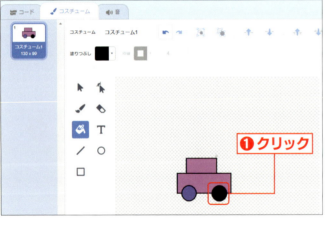

右の円をクリックし❶、
塗りつぶします。

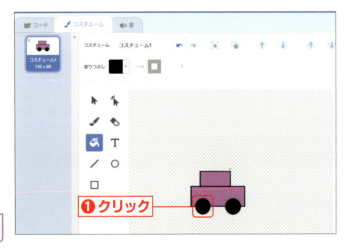

左の円をクリックし❶、
塗りつぶします。

Column 操作の取り消し機能

で間違えた操作を取り消すことができます。

をクリックするごとに1つ前の操作が終わった画面に戻っていきます。

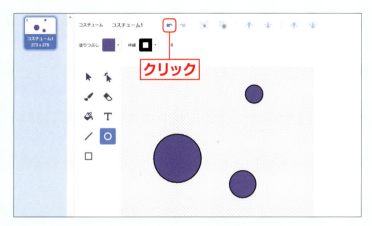

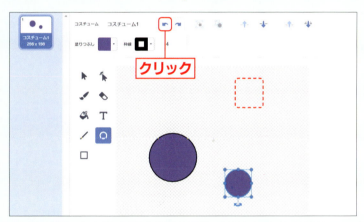

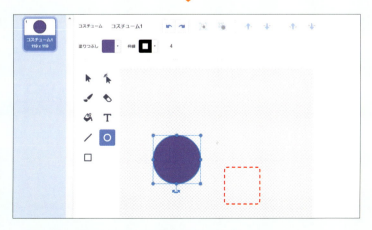

Section 12-3 キャラクターを保存しよう

ここでやること 作成したキャラクター（スプライト）を保存しよう。

スプライトリストの
[スプライト2]の上で
右クリックします❶。
[書き出し]をクリックし❷、
選びます。

スプライトが保存されます。

 をクリックします❶。

Memo
「スプライト2.sprite3」という名前で「ダウンロード」フォルダーに保存されます。使用するブラウザーにより、画面が異なります。

スクラッチの画面に戻ります。

Memo
ダウンロードしたファイルは、必要な場合は、保存するフォルダーやファイル名の変更を行って下さい。

12-5において、作成したスプライトを読み込む学習を行うため、ここで一旦スクラッチを終了させます。スクラッチはブラウザー右上の をクリックするなどして終了させます。

Column スプライトのファイル名と拡張子

ブラウザーによっては、保存するときに名前を付けて保存することができます。その場合、ピリオド「.」と拡張子「sprite3」を付けて保存します（例：スプライト2.sprite3）。拡張子を付けないで保存したときは、パソコンなどの使用環境により、自動的にピリオドと拡張子「．sprite3」がファイル名の後に付いて保存される場合と、ピリオドと拡張子が付かないで保存される場合があります。もし、保存したファイルにピリオドと拡張子が付いていない場合は、自分でピリオドと拡張子を付けます。

例： スプライト2.sprite3
　　　　　　　　↑　　　↑
　　　　　　　ピリオド　拡張子

Section 12-4 背景を入れよう

ここでやること　ステージに背景を入れます。P.14を参考にし、あらかじめスクラッチのWebサイトにアクセスしておきます。

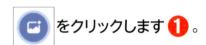 をクリックします❶。

❶クリック

「背景を選ぶ」が表示されます。

12-4 背景を入れよう

「Night City With Street」を
クリックし 、選びます。

Memo ▶

スクロールバーなどを使い、画面を下にスクロールさせて「Night City With Street」を探します。「With Street」の文字部分は表示されていないので、道路があるほうの背景を選びます。

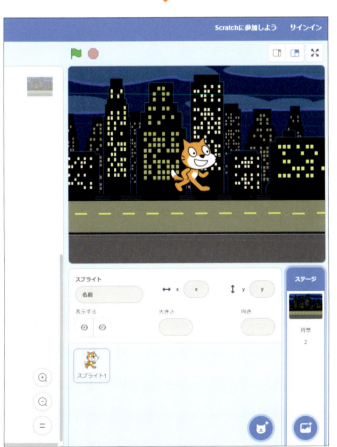

ステージに背景が入りました。

Chapter 12 走るマイカー

DL ここまでをダウンロード　12-4.sb3

265

Section 12-5 ネコを消して車のキャラクターを読み込もう

ここでやること　ネコを消して、作成した車のキャラクター（スプライト）を読み込みます。

スプライトリストの 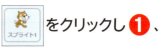 をクリックし❶、選びます。

 をクリックします❷。

ネコが消えました。

 にマウスを重ねます❶。

 をクリックし❷、選びます。

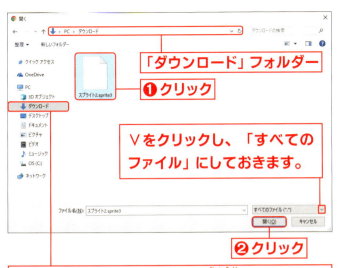

フォルダーが表示されます。
ここでは「ダウンロード」
フォルダーを表示しています。
スプライト（ファイル）を
クリックし❶、選びます。
「開く」をクリックします❷。

Memo

ここでは「スプライト2.sprite3」
を選んでいます。

スプライトが追加されました。

Memo

ステージにもスプライトが表示されています。

Section 12-6 車の大きさと位置を決めて走らせよう

ここでやること　車の大きさや位置を設定し、車を走らせます。

 をクリックし❶、

 をドラッグして❷、

コードエリアに置きます。

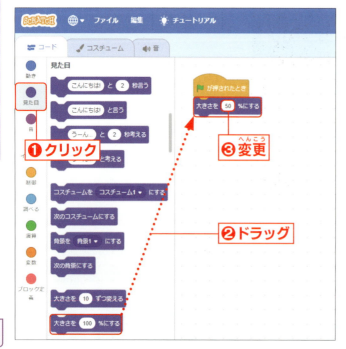

 をクリックし❶、

 を

ドラッグします❷。
値を「50」に変更し❸、
車の大きさを小さくします。

Memo
車の大きさは、自由に決めてかまいません。

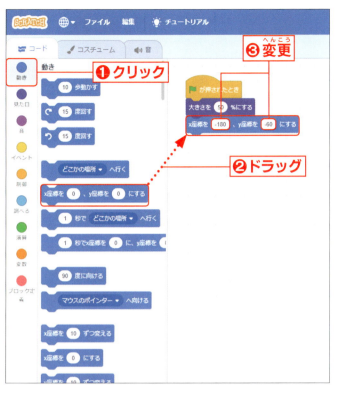

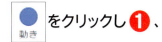をクリックし❶、

を

ドラッグします❷。
それぞれの値を
「-180」、「-60」に変更し❸、
車の表示位置を
左下付近にします。

Memo
作成した車の大きさなどにより、位置（値）の調整が必要になる場合があります。

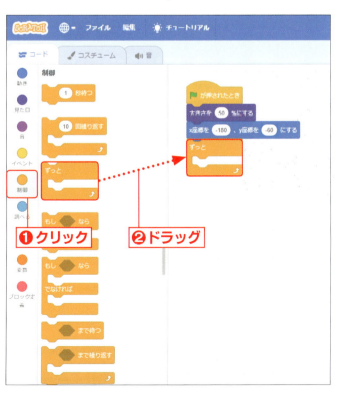

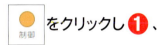をクリックし❶、

をドラッグします❷。

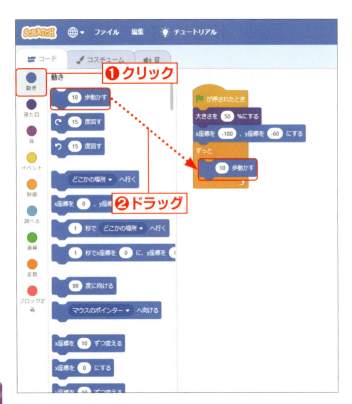

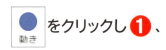 をクリックし❶、

 を

ドラッグして❷、
車を動かします。

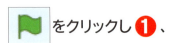 をクリックし❶、
ここまでの動作を確認します。

Column　拡大と縮小

スプライトリスト上部の大きさ設定で、スプライトの拡大・縮小を行うことができます。

● 拡大

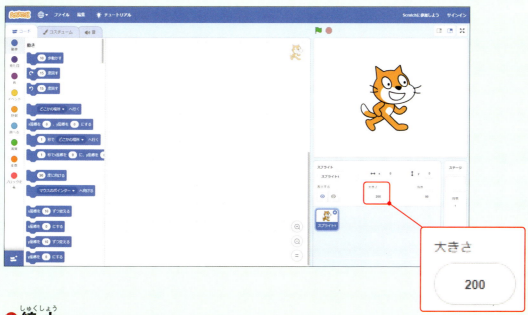

● 縮小

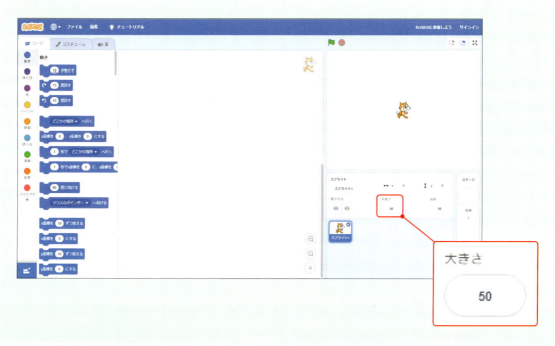

Section 12-7 車に2つの車線を走らせよう

ここでやること 車を往復させます。

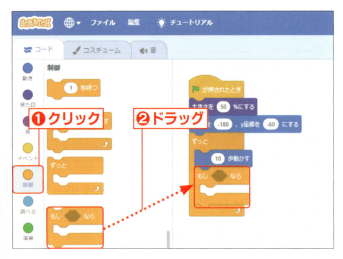

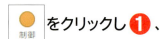 をクリックし❶、

 を の下にドラッグします❷。

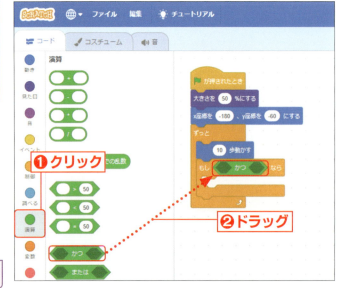

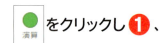 をクリックし❶、

 をドラッグして❷、

 に重ねます。

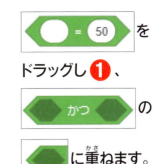 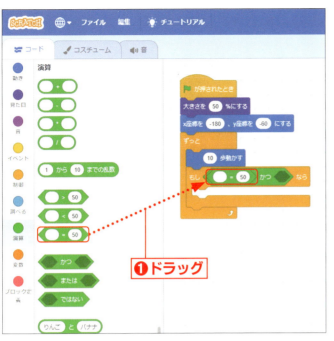

 をドラッグし❶、かつのに重ねます。

動きをクリックし❶、

y座標をドラッグして❷、

= 50 の ◯ に重ねます。

50 の値を「-60」に変更します❸。

Memo
P.269のy座標の値と同じ値にします。

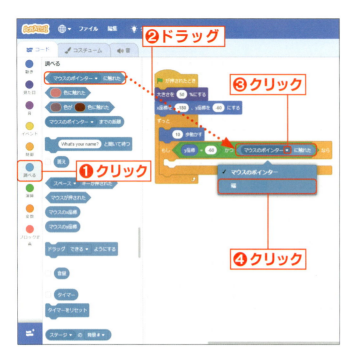

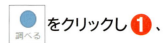 をクリックし❶、

 を ドラッグして❷、

 に重ねます。

▼をクリックします❸。
「端」をクリックし❹、
選びます。

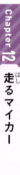

Chapter 12 走るマイカー

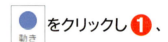 をクリックし❶、

 を ドラッグします❷。
それぞれの値を
「-180」、「-30」に変更し❸、
車が右端まで行ったら上の車線の左端へ行くようにします。

Memo
y座標の値は、P269のy座標の値よりも大きい（車が上の方に行くような）値にします。

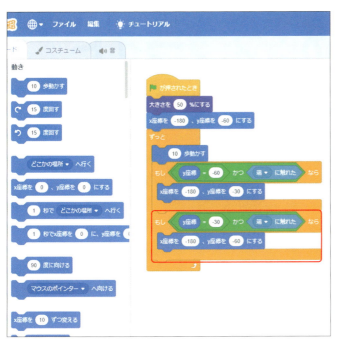

同様にして、車が上の車線に居る場合のコードを作成します。上のブロックのy座標の値を「-30」、下のブロックのy座標の値を「-60」にし、車が右端まで行ったら下の車線の左端へ行くようにします。

 をクリックし ❶、動作させてみましょう。

Section 12-8 まとめ：スプライトの作成

この章では、キャラクター（スプライト）の作成について学びました。コスチュームエディタの主な描画ツールには次のようなものがあります。

● コスチュームエディタ

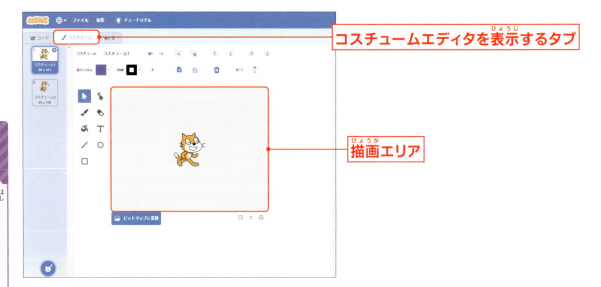

● コスチュームエディタの描画ツール

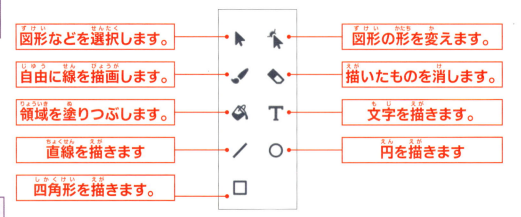

付録

スクラッチへの
参加登録とサインイン

| 01 | スクラッチへの参加登録とサインイン |
| 02 | サインインして広がるスクラッチの世界 |

スクラッチの公式サイトにユーザー登録することにより、スクラッチの世界が広がります。
ここでは、スクラッチの参加登録とサインインの方法について解説します。

付録 01 スクラッチへの参加登録とサインイン

ここでやること　スクラッチは公式サイトに参加登録をすることができます。スクラッチへ参加登録を行い、サインインすることにより、スクラッチをより便利に楽しく使うことができます。

Webブラウザでスクラッチの公式サイト「https://scratch.mit.edu/」にアクセスします❶。

「Scratchに参加しよう」をクリックします❷。

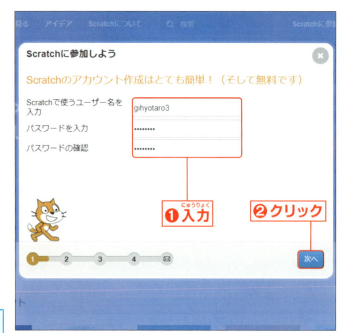

「ユーザー名」と「パスワード」を自分で考えて入力します❶。
「次へ」をクリックします❷。

Memo
パスワードは、確認のため2箇所に入力します。

Memo
パスワードは、他人に見られないようにするため「*」で表示されます。

生まれた年と月、性別、国を選択します❶。
「次へ」をクリックします❷。

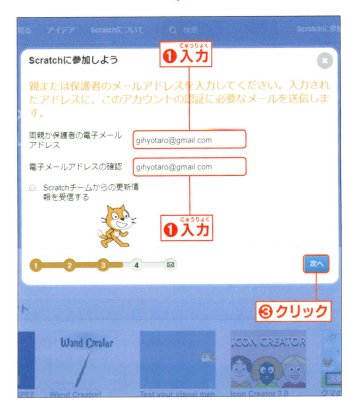

パスワードを入力します❶。
確認のためにもう一度パスワードを入力します❷。
「次へ」をクリックします❸。

Memo
電子メールアドレスは、確認のため2箇所に入力します。

01 スクラッチへの参加登録とサインイン

付録 スクラッチへの参加登録とサインイン

279

ユーザー名、電子メールアドレスが表示されるので、正しいか確認します❶。
「さあ、はじめよう!」をクリックします❷。

> **Memo**
> 登録した電子メールアドレス宛に、スクラッチから認証メールが届きますので、リンクをクリックし認証を行います。

登録が完了し、スクラッチの公式ページが表示されます。
登録したユーザー名が表示されます。

01 スクラッチへの参加登録とサインイン

Webブラウザでスクラッチの公式サイト「https://scratch.mit.edu/」にアクセスします❶。
「サインイン」をクリックします❷。
「ユーザー名」と「パスワード」を入力します❸。
「サインイン」をクリックします❹。

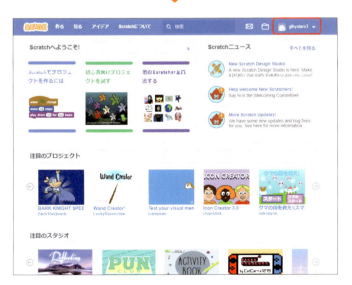

サインインが完了し、スクラッチの公式ページが表示されます。
登録したユーザー名が表示されます。

サインインして広がるスクラッチの世界

ここでやること スクラッチは、登録してサインインを行うと、次のようなことができます。

付録 スクラッチへの参加登録とサインイン

作品のアップロード
自分の作品を公開することができます。

フォロー
興味のあるユーザーをフォローし、そのユーザーの作品にすばやくアクセスすることができます。

スタジオの作成
自分の主宰するスタジオ（グループ）を作り、参加者どうしで作品集を作ることができます。

サインインを行います。

「編集」をクリックします ❶。

作品を作成します。

> **Memo**
> 作品の作り方は、本書の本編を参照してください。

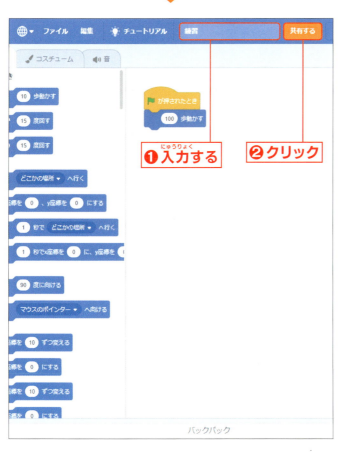

作品のタイトルを入力します❶。
「共有する」をクリックします❷。

> **Memo**
> タイトル入力欄には「Untitled」と表示されていますので、消してからタイトルを入力します。

> **Memo**
> P.280の認証が完了していない場合は「共有」が表示されません。

02 サインインして広がるスクラッチの世界

付録 スクラッチへの参加登録とサインイン

283

作品の共有(公開)が完了し、作品名が表示されます。

ユーザー名の右の を

クリックします❶。
「私の作品」を
クリックします❷。

自分の作成した作品一覧が表示されます。

Column 作品の公開をやめたいときや、作品を削除したとき

作品の公開をやめるときは、「共有しない」をクリックします。また、作品を削除したいときは、「共有しない」をクリックしたあと、「削除」をクリックします。

●公開をやめたいとき

●削除したいとき

索引

アルファベット

Chrome	14
Edge	14, 24
Firefox	14
Google Chrome	14
Microsoft Edge	24
Safari	14
Scratch	14

あ行

値の変更	36
イベント	18
動き	19
演算	68
音	190
音楽	179

か行

回転	38
書き出し（スプライト）	262
拡大（スプライト）	271
拡張機能	179
拡張子	23
画像	225
偽	90
教育	13
きれいにする	27

さ行

削除（ブロック）	23
座標	41
縮小（スプライト）	271
条件分岐	90, 167
初期化	218
調べる	89
真	90
スクラッチ	12
ステージ	16
スプライト	16
スプライトの移動	49
スプライトを選ぶ	61
制御	38
接触判定	90

繰り返し処理 ——— 54
クローン ——— 104, 116
ゲーム ——— 13
結合（ブロック） ——— 21
公式サイト ——— 14
コード ——— 17, 28
コードエリア ——— 16, 18
コスチューム ——— 53
コスチュームエディタ ——— 254, 276
コピー（コード） ——— 70
コンピューターから読み込む ——— 26

た行

ダウンロードフォルダー	22
逐次処理	42
地図	233
チュートリアル	15
作る	14
停止（プログラム）	53
ドキュメントフォルダー	25

な行

にほんご	15
日本語	15
入出力	168

は行

背景	32
背景の削除	47
半角英数入力	36
ピクセル	233
ビジュアルプログラミング言語	12
ファイル名	23
複製	160
フローチャート	42
ブロック	16, 18
ブロックパレット	16
分離（ブロック）	21
並行処理	189

ペイント（アプリ）	241
変数	216, 220
保存	22

ま行

マウスポインター	76
見た目	53
メッセージ	133, 139, 146
もし	90

ら行

乱数	73

287

■著者略歴

松下孝太郎
神奈川県横浜市生。
横浜国立大学大学院工学研究科人工環境システム学専攻
博士後期課程修了 博士（工学）。
現在，(学)東京農業大学 東京情報大学 総合情報学部 教授

山本光
神奈川県横須賀市生。
横浜国立大学大学院環境情報学府情報メディア環境学専攻
博士後期課程満期退学。
現在，横浜国立大学 教育学部 教授。

今すぐ使えるかんたん Scratch
2019年 6月8日 初版 第1刷発行

著　者●松下 孝太郎、山本 光
発行者●片岡 巌
発行所●株式会社 技術評論社
　　　　東京都新宿区市谷左内町21-13
　　　　電話 03-3513-6150 販売促進部
　　　　　　 03-3513-6160 書籍編集部
編集●矢野 俊博
装丁●田邉 恵里香
本文デザイン・DTP●リンクアップ
製本／印刷●大日本印刷株式会社

定価はカバーに表示してあります。

落丁・乱丁がございましたら、弊社販売促進部までお送りください。
交換いたします。
本書の一部または全部を著作権法の定める範囲を超え、無断で
複写、複製、転載、テープ化、ファイルに落とすことを禁じます。

©2019 松下孝太郎、山本光

ISBN978-4-297-10547-1 C3055
Printed in Japan

お問い合わせについて

本書に関するご質問については、本書に記載されている内容に関するもののみとさせていただきます。本書の内容と関係のないご質問につきましては、一切お答えできませんので、あらかじめご了承ください。また、電話でのご質問は受け付けておりませんので、必ずFAXか書面にて下記までお送りください。
なお、ご質問の際には、必ず以下の項目を明記していただきますよう、お願いいたします。

1　お名前
2　返信先の住所またはFAX番号
3　書名（今すぐ使えるかんたん　Scratch）
4　本書の該当ページ
5　ご使用のOSとソフトウェアのバージョン
6　ご質問内容

お送りいただいたご質問には、できる限り迅速にお答えできるよう努力いたしておりますが、場合によってはお答えするまでに時間がかかることがあります。また、回答の期日をご指定なさっても、ご希望にお応えできるとは限りません。あらかじめご了承くださいますよう、お願いいたします。

問い合わせ先

〒162-0846
東京都新宿区市谷左内町21-13
株式会社技術評論社　書籍編集部
「今すぐ使えるかんたん　Scratch」質問係
FAX番号　03-3513-6167

URL：https://book.gihyo.jp/116

■お問い合わせの例

FAX

1　お名前
　　技術　太郎

2　返信先の住所またはFAX番号
　　03-XXXX-XXXX

3　書名
　　今すぐ使えるかんたん　Scratch

4　本書の該当ページ
　　88ページ

5　ご使用のOSとソフトウェアのバージョン
　　Windows 10

6　ご質問内容
　　手順3の画面が表示されない

※ご質問の際に記載いただきました個人情報は、回答後速やかに破棄させていただきます。